LA PERRUCHE
CALOPSITTE

Pierre Fusy-Lacroix

LA PERRUCHE CALOPSITTE

De Vecchi

Photos de couverture : © Philippe Rocher

Les photos de l'intérieur sont de Philippe Rocher, sauf mention contraire

Remerciements

Nous tenons à remercier chaleureusement les personnes et sociétés qui ont contribué à rendre réalisables la parution et l'illustration de cet ouvrage :

• les Éditions De Vecchi, pour leur travail éditorial ;
• la société Top Duck (5, rue Gody – Z.I. de la Boitardière – 37400 Amboise) pour les images de nichoirs naturels et le prêt d'aliments extrudés ;
• la société Ferplast France (rue Forlen – Z.I. Forlen – 67118 Geispolsheim) pour les photographies des cages et des nids artificiels ;
• la société Graines Loras (avenue de la Poterie – BP 50 – 69890 La Tour de Salvagny) pour le prêt de graines et de friandises ;
• la société Versele Laga (Kapellestraat, 70 – 9800 Deinze – Belgique) pour les images de graines et de friandises ;
• les éleveurs Éric Pruvost et Bertrand François du club des exotiques ;
• les éleveurs Marie-Joseph Janvier et M. et Mme Scagliola.

Introduction

La perruche Calopsitte fait partie, avec la Perruche ondulée, le Canari et le Diamant Mandarin, des oiseaux les plus courants dans les élevages et dans le commerce animalier. Résistante et assez peu exigeante, elle fait un parfait spécimen aussi bien pour l'amateur que pour l'éleveur chevronné. Ses couleurs variées, son allure fière et élégante en font un sujet hautement désirable. Cependant, ses nombreuses qualités ne doivent pas cacher la liste de ses besoins essentiels. Or, on voit trop souvent des animaux ternes et mal entretenus, donc malheureux. L'objectif ambitieux de ce livre est de donner des clefs, pour envisager sereinement l'acquisition de ces merveilleux oiseaux, avec des recettes simples, à la portée de tous. Si les animaux sont bien logés et bien entretenus, ils seront tout simplement heureux. Nous y aurons gagné la joie de les voir s'épanouir et, pourquoi pas aussi, d'observer des petits sortir du nid. N'oublions pas que les milieux naturels sont de plus en plus dégradés par l'activité humaine. Hélas, de nombreuses espèces disparaissent chaque année et bien davantage encore sont menacées à plus ou moins court terme. Certaines ne doivent déjà leur salut qu'à l'élevage. C'est sûrement une raison supplémentaire pour aborder la maintenance des oiseaux en volière avec modestie, mais aussi avec le sens de la responsabilité que nous portons tous dans le devenir de la planète et des espèces qui la peuplent encore aujourd'hui...

La perruche Calopsitte : un oiseau qui a bien changé depuis son apparition dans les élevages (ici mutation panachée face blanche)

Qu'est-ce qu'une perruche Calopsitte ?

Histoire

Avant d'aller plus loin, cet oiseau pose déjà un petit problème orthographique : doit-on l'écrire avec un « l » ou deux ? Nous trouvons l'un et l'autre dans les livres spécialisés et les dictionnaires ornithologiques, avec toutefois une proportion plus nette en faveur d'un « l » unique. Le mystère reste donc entier... Admettons alors que les deux soient corrects, mais que la version avec un seul « l » sera retenue pour ce livre... Les Anglais disent « cockatiel » et certains auteurs francophones ont adapté cet anglicisme à la langue française, ce qui permet certainement de s'affranchir du souci de l'écriture !

Il s'agit bien évidemment, et comme son nom l'indique, d'une perruche, donc appartenant à l'ordre des Psittaciformes, encore appelés « becs crochus ». Cet ordre se distingue des autres oiseaux par différents traits morphologiques évidents :
– une tête relativement large et massive, avec un bec articulé, solide et incurvé, des mâchoires puissantes et une langue longue et épaisse ;
– des pattes courtes, munies de doigts en opposition (zygodactyles), indiquant des facultés de grimpeurs ;
– un habitat essentiellement forestier, de type tropical.

Cet ordre comprend une ou deux familles, selon les auteurs. Autrefois, il était communément admis qu'une seule famille, les Psittacidés, regroupait l'ensemble des espèces, réparties au sein de trois sous-familles : les Cacatuinés (Cacatoès), les Psittacinés (Perroquets et Perruches) et les Lorinés (Loris). Aujourd'hui, sur la base de récentes découvertes fossiles et après étude des structures ADN, il est de plus en plus souvent proposé une autre répartition : les Cacatoès forment une famille séparée, les Cacatuidés, avec, pour traits extérieurs caractéristiques :
– un bec massif ;
– la présence d'une vésicule biliaire ;
– l'absence de couleurs vertes ou bleues dans le plumage ;
– une crête plutôt bien développée ;
– une répartition géographique restreinte à l'Océanie.

Cette nouvelle famille est subdivisée en trois sous-familles : les Calyptorhynchinés (Cacatoès noirs), les Cacatuinés (Cacatoès blancs et gris) et les Nymphicinés. C'est dans cette dernière que nous retrouvons notre perruche Calopsitte, toute seule. Son classement « à part » vient du fait de sa petite taille élancée, de sa queue bien développée, de sa coloration plus chamarrée que ses cousins et de son dimorphisme sexuel assez net. Mais, il ne fait plus guère de doutes qu'elle appartienne à la tribu des Cacatoès. Les études ADN menées vers la fin des années 1990, en particulier par Brown et Toft, vont nettement dans ce sens. De façon anecdotique, il est amusant de constater que le nom anglais « cockatiel », mélange de hollandais et de portugais, donné dès le XVIIIe siècle, signifiait « petit Cacatoès » : il aura fallu près de 200 ans pour confirmer les observations de l'époque !
Nous avons donc situé notre animal dans le classement systématique des espèces. Il reste

à élucider son nom scientifique. Au départ, la perruche Calopsitte fut baptisée *Psittacus novaehollandiae (Gmelin)*, puis *Psittacus hollandicus*, par Kerr en 1792, le nom de genre Psittacus, signifiant « perroquet ». Cependant, l'évolution de la taxonomie au fil des années permit de tenir compte de l'originalité physique de cet oiseau, pour lequel fut créé un genre spécifique, le genre *Nymphicus* par Wagler en 1832. Son nom d'espèce *hollandicus* tient tout simplement à sa provenance : la région d'Australie aujourd'hui connue en tant que Nouvelles Galles du Sud s'appelait auparavant « Nouvelle Hollande ».

Nous avons donc défini la « carte d'identité » de notre oiseau, que voici résumée :
Classe : oiseaux
Ordre : Psittaciformes
Famille : Cacatuidés
Genre : *Nymphicus*
Espèce : *hollandicus*

Mutation cinammon perlée

Les Australiens lui ont donné plusieurs surnoms, certains dérivant des langues aborigènes. Ainsi, dans l'ouest du pays, elle est souvent appelée Weiro, tandis que dans l'est, le mot le plus utilisé est Quarrion.

Origine géographique et milieu naturel

La perruche Calopsitte vient du continent australien. Elle est répandue sur quasiment l'ensemble du territoire, à l'exception des zones côtières, le long desquelles elle ne se rend qu'en cas de période très sèche. D'après Forshaw, néanmoins, sa présence n'est pas régulière sur toute son aire de répartition et elle n'est pas vraiment sédentaire. En fait, elle suit les sources de nourriture et se déplace lorsque celles-ci font défaut là où elle se trouve. Dans la partie nord de l'Australie, ses mouvements sont nettement erratiques, alors que dans le sud, elle se déplace davantage en fonction de la saison, ce qui peut être assimilé à une migration. L'influence favorable des pluies sur sa présence dans un lieu donné a aussi clairement été observée, en particulier dans le nord.

Par ailleurs, c'est un oiseau très populaire et bien répandu en captivité dans toute l'Australie. Des spécimens échappés ont plus ou moins colonisé des régions où il était autrefois absent, notamment certaines parties de la Tasmanie.

Aire de répartition (d'après Del Hoyo et col.)

CAMOUFLAGE...
Sa couleur générale grise, mélangée avec un peu de marron, la rend difficile à déceler le long d'un tronc, dans un arbre mort, ou au sol, dans une zone d'ombre. C'est certainement pour cette raison qu'elle se perche rarement dans un arbre feuillu et vert : ses facultés de mimétisme y seraient bien moins efficaces.

Elle est connue en captivité, notamment en France, depuis le milieu du XVIIIe siècle, où elle se reproduit facilement, ce qui a contribué à son succès de par le monde. Comme en Australie, il arrive que des sujets en nombre variable se retrouvent dans la nature avoisinante et s'y établisse. Leur faculté d'adaptation au milieu et à la température est en effet importante. Ainsi, on peut, de temps à autre, observer des groupes de Calopsittes aux États-Unis ou en Europe, même si l'on ne peut pas parler de colonisation *stricto sensu*.

Elle affectionne les zones plutôt dégagées : savanes, prairies, zones cultivées, plaines arides, forêts peu denses. Elle se rencontre très fréquemment à proximité de l'eau, en bordure des rivières ou des étangs. Souvent perchée dans un arbre mort ou un buisson, notamment durant les heures les plus chaudes de la journée, elle descend volontiers au sol pour récolter les graminées dont elle fait son plat de résistance. Elle vit plutôt en couples ou en petits groupes familiaux. Il arrive néanmoins qu'elle s'assemble en colonies importantes, surtout lors des migrations. C'est un oiseau peu farouche, qui se laisse facilement approcher, en général. Lorsqu'elle est dérangée, elle se contente de s'envoler dans les arbres proches et retourne à ses occupations, dès le danger écarté.

Description

Décrire une perruche Calopsitte « d'aujourd'hui » n'est pas si simple, car depuis son établissement dans nos volières, sa coloration a changé, de nombreuses variétés de couleurs sont apparues et ont été croisées les unes aux autres.

Descriptif du corps de la Calopsitte

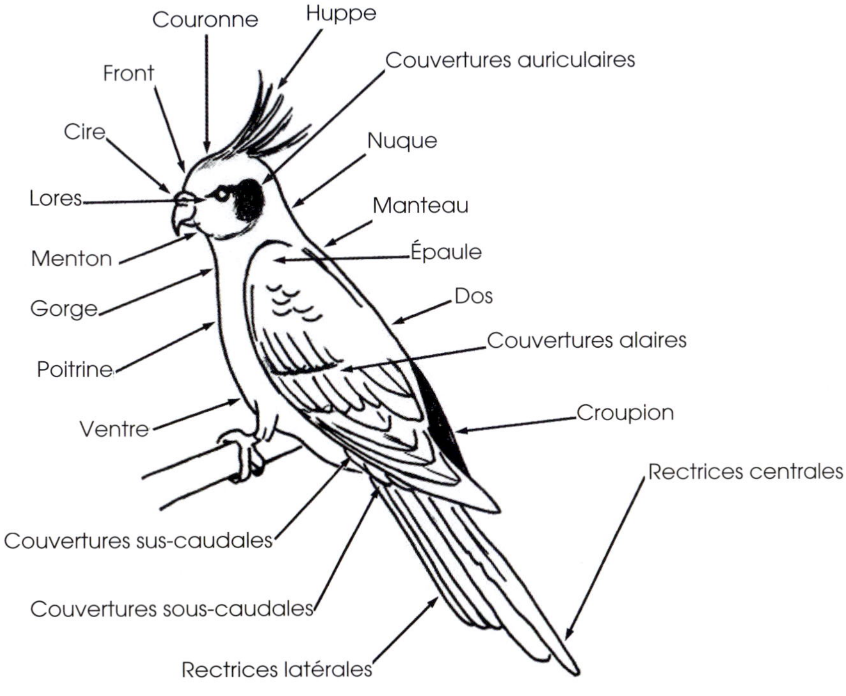

Une huppe haute, mais étroite

À l'état sauvage, c'est un oiseau d'environ 30 à 33 centimètres de longueur. Chaque aile mesure de 16 à 18 centimètres, tandis que la queue atteint à peu près les mêmes dimensions, soit de 16 à 18 centimètres aussi. La silhouette est élancée et fine, ce qui contribue à donner à cette perruche une véritable élégance. La tête est surmontée d'une longue huppe étroite.
Le poids d'un oiseau adulte est compris entre 80 et 100 grammes.

Descriptif du corps de la Calopsitte

Le plumage général, chez le mâle, est gris ardoisé, lavé de marron. Le croupion et les couvertures sus-caudales sont plus gris. Les ailes sont plus foncées, en particulier les couvertures primaires qui approchent le noir. Une longue marque blanche s'étend au centre bas de l'aile. Les deux rectrices centrales sont d'un gris pâle, les autres tirent davantage sur le brun charbonné. Le dessous du corps est plus clair, parfois aussi plus marron. Le front, l'avant de la couronne, la base de la huppe, les côtés de la tête, le menton et la gorge sont jaunes. Les couvertures auriculaires présentent chacune un gros spot orange. Le bec est gris, les pattes d'un gris noirâtre et l'iris marron.

Conformation d'une aile (les descriptions ci-dessous ne sont valables que pour un sujet « naturel »)

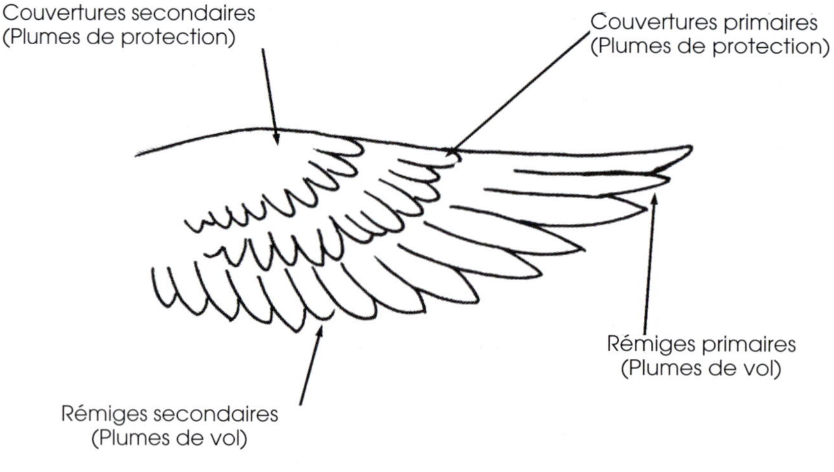

Mise en évidence des plumes de vol

Dimorphisme sexuel

La femelle, dans sa version naturelle, est aisément reconnaissable. Elle est plus terne que son compagnon. La tête et la crête sont grisâtres, avec un léger lavis jaune, essentiellement présent sur le front et autour des yeux. Les zones auriculaires sont recouvertes d'une tache orange, comme chez le mâle, mais celle-ci est moins vive. Le bas du dos, le croupion, les sus-caudales, les sous-caudales et le bas de l'abdomen sont gris, recouverts de nombreuses fines rayures transversales blanchâtres ou jaunâtres. Les rectrices centrales sont tachetées de blanc. Les rectrices latérales sont plus foncées, légèrement bordées de jaune extérieurement, marquées de jaune et barrées de marron foncé. La partie blanche est bien visible sur l'aile, comme pour le mâle. L'intérieur de l'aile présente quatre à cinq spots blancs, parfois réunis en une barre.
Ici encore, cette description n'est valable que pour un oiseau de type sauvage. Les générations successives d'élevage ont largement modifié ces caractéristiques et, de nos jours, il n'est pas toujours facile de sexer une Calopsitte de manière visuelle. Par ailleurs, de nombreuses mutations de couleurs ne présentent plus les traits décrits ci-dessus et, de plus, les croisements multiples font qu'il n'existe plus guère d'oiseaux « purs », sachant que l'importation de sujets sauvages est stoppée depuis les années 1960. La tête jaune, signe le plus évident distinguant le mâle, n'est plus forcément fiable à 100 % aujourd'hui, pas plus que les marques orangées, censées être plus vives. Tout d'abord, il faut être en présence d'un sujet adulte, possédant son plumage définitif, ce qui n'advient de façon certaine qu'au cours de la deuxième année. Ensuite, l'utilisation de ces critères n'est envisageable que pour des oiseaux qui n'auront pas été l'objet de trop de croisements et issus d'une population assez homogène.
Les stries sur les plumes de la queue demeurent un critère assez sûr, pour autant, là encore, qu'il s'agisse d'oiseaux proches de la version naturelle et parvenus à maturité sexuelle.

La question n'est donc pas si simple lorsqu'il s'agit d'acquérir des oiseaux chez un éleveur ou dans une animalerie. Sou-

Calopsitte femelle (forme sauvage)

Calopsitte mâle (forme sauvage)

vent, les sujets en vente sont immatures, ce qui complique encore la tâche, mais le client recherche souvent des animaux jeunes, et c'est bien normal. Or, les jeunes des deux sexes ressemblent à la femelle. Le mâle présente souvent davantage de jaune (toujours dans le cas d'un oiseau « naturel »), mais ce n'est pas obligatoire. Ce n'est que vers l'âge de cinq à six mois que cette couleur se développe. Il faut bien noter aussi que les deux sexes possèdent des stries jaunes sur la queue et les marques blanches à l'intérieur des ailes jusqu'à la première mue complète, qui n'a lieu que dans la deuxième année ou vers la fin de la première.

Certains éleveurs utilisent une autre méthode pour sexer leurs oiseaux, en cas de doute, ou bien lorsqu'il s'agit de mutations pour lesquels les différences morphologiques sont trop faibles. Ils examinent l'écartement et la souplesse des os pelviens en pressant l'index au niveau de l'abdomen de l'oiseau.

Dans le cas d'une femelle, ces os présentent une certaine mobilité et un écartement variable sous la pression du doigt : c'est ce qui permet à l'œuf de « sortir ». Si l'oiseau est un mâle, l'écartement est très faible et aucune souplesse ne se remarque. Cette méthode est bien utilisée pour de nombreuses espèces de grandes perruches et fournit des résultats intéressants. Elle présente néanmoins plusieurs inconvénients. Le néophyte ne parviendra guère à sexer ses oiseaux : par crainte, il n'exercera pas une pression suffisante ou au bon endroit et ne pourra conclure. En revanche, s'il appuie trop fortement, il pourra causer des lésions graves aux oiseaux. Enfin, encore une fois, cette méthode ne fonctionne pas avec de jeunes oiseaux. Une femelle non mature ne présentera pas les caractéristiques voulues. De même, si l'oiseau n'est pas à l'approche d'une période de reproduction, le phénomène est moins net. Cette technique est donc à réserver à des amateurs chevronnés ou bien à des professionnels.

Enfin, une observation minutieuse des oiseaux, surtout en groupe, permet de mettre en exergue des différences de comportement. Le mâle commence très jeune à chanter et à émettre maints gloussements, dès l'âge de huit semaines. Il adopte également certaines attitudes particulières. Par exemple, il hausse les épaules tout en maintenant les ailes à plat, en poussant des petits cris et en hochant la tête, en direction d'une femelle, faisant ainsi un simulacre de parade nuptiale. De même, il peut être aperçu en train de poursuivre la femelle de son choix, dans toute la volière. Cette méthode est assez utilisée, notamment avec des mutations sans dimorphisme, telle que la variété jaune. Malheureusement, il arrive parfois qu'une femelle adopte un comportement semblable, ce qui fausse naturellement les conclusions.

Tête grise et stries sous la queue distinguent la femelle

Face, tête et base de la huppe jaunes caractérisent le mâle

L´Australie n´exporte plus d´animaux depuis plus de 40 ans...

Avoir une perruche Calopsitte chez soi

Législation et origine des oiseaux

Il existe, de nos jours, tout un arsenal de textes régulant le commerce animalier, que ce soit au niveau international, européen ou français. Toutefois, la perruche Calopsitte échappe à la plupart de ces restrictions. En effet, elle ne bénéficie pas d'un statut de protection particulier, étant abondante dans son milieu naturel. Par ailleurs, pour éviter les excès du commerce international, l'Australie a interdit, dès les années 1960, tout exportation de sa faune. Les perruches Calopsittes présentes partout ailleurs dans le monde (et donc en Europe) sont, par voie de conséquence, issues de l'élevage et uniquement de l'élevage.

Ne bénéficiant pas d'un statut de protection particulier, il n'existe pas d'obligation de baguage des jeunes oiseaux. Il ne faut donc pas s'affoler si un éleveur vous propose des animaux non bagués. Malgré tout, beaucoup utilisent cette méthode pour repérer et enregistrer leurs oiseaux et cela est bien utile pour en connaître l'âge exact, à condition, naturellement que tout soit fait de manière honnête. Il faut noter également que toutes les couleurs obtenues par sélections et croisements, que l'on appelle généralement mutations, sont considérées par la Convention des Communautés Européennes comme domestiques.

... les Calopsittes présentes dans le commerce proviennent donc d'élevages

Est-il bon de rappeler que, même si notre Calopsitte ne fait pas l'objet de mesures particulières de protection, elle demeure sous le contrôle des textes de loi régissant le comportement vis-à-vis des animaux, en particulier le Code rural, pour la France ? Ceux-ci s'intéressent notamment aux cas de maltraitance et au commerce illicite. Sur ce dernier point, mentionnons, pour mémoire, qu'un particulier ne peut faire d'élevage dans un but lucratif, ni de commerce d'animaux. En termes clairs, la vente d'animaux par un particulier est assimilée à une forme de commerce illicite et l'achat à de telles sources est également répréhensible, l'acheteur étant coupable de recel. Un particulier peut néanmoins céder, pour « coût d'élevage », les quelques animaux issus d'un élevage familial, sur des volumes donc forcément restreints.
L'acquisition d'une ou de plusieurs perruches Calopsittes, dans des conditions « familiales », ne nécessite pas de Certificat de Capacités.

Niveau de difficulté

La perruche Calopsitte est un oiseau facile à vivre et robuste, à condition de lui procurer ce dont elle a besoin. Avec la Perruche ondulée, ce sont certainement les deux becs crochus les plus aisés à maintenir et à faire reproduire. C'est donc une espèce à conseiller à un débutant. Néanmoins, son caractère attrayant, son élégance, ses possibilités d'élevage à la main et la multitude de mutations de couleurs font qu'elle n'est pas réservée qu'aux néophytes avant de passer à une espèce plus exotique. Nombre d'amateurs chevronnés et d'éleveurs passionnés conservent encore dans leurs collections différents spécimens de Calopsittes, avec un attachement particulier.

UNE PERRUCHE POUR QUI ?
Certes, c'est un oiseau aisé, mais qui demande un minimum de soins, de surveillance et de douceur. Pour cela, sauf dans des cas très particuliers de jeunes passions précoces, c'est un choix à déconseiller pour un enfant. Ce raisonnement est par ailleurs applicable à tous les oiseaux : il ne s'agit en aucun cas d'un petit animal que l'on peut tenir, caresser ou regarder courir dans une boule sur le carrelage ! Il arrive que certains enfants, très jeunes, vouent une véritable dévotion pour la gent ailée et y consacrent temps, énergie et argent de poche… Mais, cela reste exceptionnel.

Des couples généralement très fidèles

L'entente avec les autres animaux de la maison n'est pas toujours aussi bonne que sur la photo... Prudence donc !

Un ou plusieurs animaux ?

Lorsque vient le moment de choisir et d'acquérir des animaux, il est une question qui revient fréquemment : dois-je prendre un seul sujet, un couple ou même davantage ?

Dans le cas de notre Calopsitte, la réponse peut varier. Tout dépend bien évidemment de la taille de la cage ou de la volière, mais aussi du type d'oiseaux. En effet, un spécimen élevé à la main, c'est-à-dire prélevé au nid très jeune et nourri par l'homme, devient très familier certes, mais aussi très proche de son propriétaire, au détriment de ses semblables. Son comportement vis-à-vis des siens s'en trouve donc affecté, même s'il est rare de noter des marques d'agressivité franches. Un tel oiseau sera plus volontiers détenu en cage, à la maison, en solitaire ou en compagnie d'une autre Calopsitte élevée de façon similaire. Bien entendu, il faudra, pour le propriétaire, compenser l'absence de relations entre les oiseaux, par une attention soutenue. Il n'est pas concevable d'acquérir une Calopsitte apprivoisée si l'on n'est pas régulièrement à la maison et qu'un minimum de temps n'est pas consacré chaque jour à son compagnon. Il faut aussi garder à l'esprit que beaucoup d'éleveurs considèrent, avec raison, que les capacités reproductrices sont plutôt mauvaises avec des perruches aussi familières. Dans ce cas précis d'une maintenance en solitaire, le choix se portera indifféremment sur un mâle ou une femelle. Le lieu commun qui consiste à dire qu'un oiseau de sexe féminin s'attachera plus volontiers à un homme et réciproquement n'est pas vraiment vérifié dans la pratique. En revanche, une chose est certaine : l'animal se lie essentiellement à une seule et unique personne et lui montrera davantage d'affection qu'aux autres membres de la maisonnée.

Si le choix se porte sur des sujets élevés « naturellement », il est nettement souhaitable d'acquérir un couple et de lui fournir un espace suffisant. Dans son milieu naturel, la Calopsitte se rencontre pratiquement toujours au moins par deux et les couples, une fois formés, sont très fidèles. Les observateurs australiens ont d'ailleurs noté que lorsqu'un des membres du couple se faisait malencontreusement écraser par un véhicule, ce qui arrive hélas assez souvent, l'autre restait souvent prostré le long de la route et finissait généralement fauché, à son tour, par une automobile. Il est donc important de loger au moins deux oiseaux dans la volière. L'inconvénient de cette méthode est alors que l'on n'autorise pas le choix dans la constitution du couple : il n'y a qu'un mâle en face d'une femelle ! Le couple peut ne pas s'entendre très bien : même s'il est rarissime que cela se traduise par des querelles, ce sont surtout les résultats de reproduction qui s'en ressentiront certainement. Si le propriétaire opte pour la formule en couple, il choisira de préférence des oiseaux jeunes, si possible n'ayant pas atteint la maturité sexuelle : cela atténue notablement les risques de mésentente. Les deux animaux seront introduits dans la cage en même temps, ce qui évitera des conflits de territorialité, même si la Calopsitte fait preuve de beaucoup de tolérance dans ce domaine.

La perruche Calopsitte peut encore être logée en colonie. Naturellement, il est impératif que les dimensions de la volière soient prévues en conséquence. Il est hors de propos d'envisager une telle éventualité dans une simple cage, aussi grande soit-elle ! La maintenance en colonie se passe bien en général, à condition de respecter quelques critères simples :

– un nombre de mâles égal ou inférieur au nombre de femelles ;
– un espace minimal par couple d'au moins 2 m^2 ;
– un nombre de nichoirs supérieur au nombre de couples et disséminés dans la volière ;
– plusieurs mangeoires et abreuvoirs répartis dans la volière, ce qui évite au couple dominant d'empêcher éventuellement les autres de s'alimenter.

Là encore, il est préférable d'introduire tous les oiseaux en même temps, pour les mêmes raisons que celles évoquées plus haut. L'arrivée d'un nouveau sujet ou d'un nouveau couple peut être mal vécue. Des oiseaux en place, bien acclimatés et qui défendent leur portion de territoire autour du nid pourraient émettre des signaux d'agressivité. Les arrivants, au contraire, sont stressés par le milieu inconnu et la pression supplémentaire générée par les autres peut se révéler très préjudiciable. Néanmoins, l'introduction de sujets, au sein d'une colonie établie, n'est pas insurmontable dans le cas de la Calopsitte, qui demeure un animal socialement très tolérant. Il suffit d'un minimum de précautions, notamment d'éviter l'introduction de nouveaux sujets en pleine saison de reproduction, où l'agressivité croît légèrement, et de maintenir une surveillance aiguë pendant quelques jours, tout en restant prêt à intervenir si les choses tournent mal.
Par ailleurs, lorsqu'on amène de nouveaux animaux dans un groupe constitué, le bon sens veut que l'on soit vigilant sur le risque sanitaire. Il est fortement conseillé de les mettre en quarantaine durant quelques semaines, avant de les mélanger aux autres, et, en particulier, de les vermifuger.

La maintenance en groupe présente quelques avantages : les couples se formeront naturellement, les oiseaux ayant le choix de leur partenaire. Là aussi, il est souhaitable d'introduire des sujets jeunes. La reproduction est auto-stimulée, comme chez la Perruche ondulée, même s'il arrive parfois qu'un couple ou qu'un sujet cause des perturbations autour des nids ou bien qu'un couple dominant prenne le dessus. Mais, ce dernier cas est très rare chez la Calopsitte et il est plutôt lié à un manque de place. L'inconvénient principal de cette méthode est l'impossibilité pour l'éleveur de sélectionner les couples en vue d'obtenir des mutations spécifiques ou des sujets de concours. Au bout d'une génération, il devient difficile de savoir qui sont les parents de qui, d'où un risque élevé de consanguinité chez les jeunes.

Un oiseau élevé à la main ?

Comme cela a été mentionné plus haut, il est possible d'acquérir un oiseau élevé à la main, donc parfaitement apprivoisé, en sachant qu'il coûtera bien plus cher, environ trois fois le prix d'un oiseau « normal ». L'élevage à la main est un travail long et qui réclame du temps chaque jour ; il est donc compréhensible que cela soit répercuté dans le prix. Il a déjà été mentionné quelques inconvénients liés à ce type d'animal : problèmes de reproduction, exigences quant à une présence humaine, etc. Mais, c'est aussi le moyen d'avoir une perruche extraordinairement familière, qui vient se percher sur l'épaule et picorer le bord de l'oreille. Il arrive même que certains oiseaux articulent quelques mots, bien que cela reste très modeste chez la Calopsitte : si l'on souhaite un animal « qui parle », il est nettement préférable de s'orienter vers un Gris du Gabon ou vers un Mainate religieux.
Élever des oiseaux de cette façon est une méthode assez récente. Il a fallu mettre au point des recettes alimentaires adaptées, avec des compositions précises et des apports bactériens, indispensables pour équilibrer la faune intestinale de l'oisillon. Au départ,

Harnais pour la promenade en toute sécurité

On partage ?

ces techniques ont été développées surtout pour sauver des poussins abandonnés ou violentés par leurs parents, parfois sur des animaux en voie d'extinction, d'où l'importance des recherches dans le domaine. Certaines espèces présentent effectivement, en captivité, des comportements très instables durant l'élevage. Rapidement, il a été constaté que les sujets élevés de cette manière étaient très amicaux avec leur propriétaire. Par ailleurs, les progrès effectués ont permis de démocratiser rapidement les produits nécessaires. La méthode a donc été détournée de son but initial, pour obtenir des oiseaux bien apprivoisés, destinés à une clientèle particulière. On peut se poser la question du bien-fondé ou non de cette forme d'aliénation du comportement, dans un objectif plutôt commercial. Il faut garder à l'esprit que cela est surtout pratiqué avec des espèces bien répandues en captivité (Inséparables, Calopsittes, Gris du Gabon, You-you du Sénégal…). Or, faire reproduire des oiseaux en captivité est certainement une bonne chose, mais encore faut-il trouver quoi faire des jeunes ! Une partie d'entre eux se retrouve généralement vendue comme animaux familiers, sans objectifs de reproduction. Aussi, le fait que ces animaux soient de piètres reproducteurs n'est pas forcément grave. Leur habitude de l'homme les rend certainement plus épanouis qu'un oiseau farouche, terré dans le coin d'un salon, affolé par les enfants et le chien ! Par ailleurs, comme ils répondent aux avances de leur propriétaire, ils sont certainement moins facilement mis à l'écart et globalement mieux entretenus.

Cependant, il ne faut pas tomber dans l'angélisme : l'élevage à la main ne doit pas être systématique, si l'on veut conserver un bon cheptel reproducteur des espèces captives. En effet, outre les difficultés « sociales » de ces oiseaux avec leurs congénères et donc leur peu de succès en reproduction, ils se montrent souvent aussi de mauvais parents. Il est important de garder des jeunes élevés naturellement, pour la pérennité de l'espèce dans nos volières. Cela devient véritablement indispensable lorsqu'il s'agit d'oiseaux plus rares. En Europe, ce problème n'est pas vraiment crucial pour le moment, l'élevage à la main restant encore assez marginal. Aux États-Unis, en revanche, il commence à poser de sérieux soucis. Les éleveurs désireux de trouver des débouchés faciles et lucratifs vers le commerce animalier ont développé l'élevage artificiel à grande échelle, au détriment des méthodes naturelles, créant ainsi des générations entières d'oiseaux qui ne pourront se reproduire

Quelques acrobaties...

... et beaucoup d'affection !

facilement par la suite ou qu'il va falloir rééduquer, ce qui est loin d'être aisé...

Lors du choix d'un animal familier, il faut bien faire la distinction entre les appellations plus ou moins commerciales. En effet, selon les cas, le résultat est très différent ! Un oiseau libellé « familiarisé » est souvent issu d'un élevage naturel. Il a été ensuite mis suffisamment souvent au contact de l'homme pour n'éprouver aucun stress en sa présence. Il se peut même qu'il accepte de prendre une friandise entre les doigts ou de se percher sur la main. Mais, en règle générale, ses démonstrations d'affection s'arrêteront là, à moins de s'armer de beaucoup de patience et de tomber sur un sujet très réceptif. L'adjectif « apprivoisé » est aussi fréquemment utilisé. De la même façon, cela correspond soit au même cas que le précédent, soit à un animal dont la fin d'élevage, en particulier la phase de sevrage, a été réalisée par l'éleveur. Là encore, il s'agit souvent d'un oiseau peu farouche, mais dont les marques de familiarité sont limitées.
La dernière dénomination utilisée est « Calopsitte élevée à la main ». Ici, nous devrions trouver les oiseaux les plus familiers, mais il existe quelques conditions pour que cela soit vrai :
– il faut que l'oisillon ait été prélevé au nid très jeune (vers une semaine). S'il n'a été prélevé qu'en fin d'élevage, voire au sevrage, pour être gavé à la main, nous retombons dans le cas « apprivoisé », avec un comportement moins confiant ;
– il ne faut pas que l'animal, même très familier, ait été ensuite logé dans une cage dans un coin de l'élevage ou au fond d'une animalerie, où personne ne s'en occupe. La familiarité a besoin d'être entretenue, sinon l'animal redevient plus sauvage et peut, par exemple, ne plus tolérer qu'on le touche ;
– enfin, il est bon de garder à l'esprit que chaque oiseau est un individu, avec une personnalité. L'intelligence, la sensibilité et la curiosité des Psittaciformes ont souvent été mises en avant, avec raison, mais cela ne signifie pas qu'il n'existe pas de différences entre les sujets. Certains seront donc plus intelligents, plus curieux ou plus familiers, quel que soit leur parcours de vie.
L'élevage à la main consiste à gaver l'oiseau, plusieurs fois par jour, à l'aide d'une seringue, munie d'un embout arrondi un peu particulier. La substance utilisée est une sorte de bouillie, qui doit avoir la bonne consistance et la bonne température. L'embout de gavage est fait pour aller suffisamment loin dans l'œsophage et forcer son

ouverture. Cependant, il faut faire attention de ne pas causer des lésions ou bien, pire encore, d'envoyer la mixture dans les poumons, ce qui signifierait une mort quasi immédiate. C'est donc une technique qui requiert un savoir-faire. L'acheteur potentiel possède rarement ces connaissances. Il est donc important que l'oiseau soit complètement sevré, c'est-à-dire qu'il s'alimente seul, lors de l'acquisition. Cela est vrai, même si, à partir d'un certain âge et surtout en fin de gavage, l'embout spécial n'est plus guère utile et qu'une simple seringue suffise.

Dans le choix d'un oiseau, il faut aussi tenir compte d'un autre paramètre : sa longévité. En effet, le propriétaire vieillissant aussi, il est bon de se poser la question : « Que vais-je

Moi, tout cela me fait bâiller

... Alors que moi, je suis intéressé !

COMMENT SAVOIR SI C'EST LE BON ?
Deux animaux élevés rigoureusement dans les mêmes conditions n'auront pas toujours un comportement similaire, ni les mêmes affinités vis-à-vis d'un être humain donné. En cela, ils nous rejoignent bien sur la grille affective ! Il faudra donc « tester » les réactions de l'oiseau avant de l'acheter, pour tenter d'y découvrir une bonne entente potentielle. Pour cela il est bon de lui parler, pour voir comment il réagit au son de la voix. Il doit montrer de l'intérêt et ne pas, au contraire, reculer au fond de la cage ou crier vigoureusement. Cet intérêt se traduit par une huppe dressée, une inclinaison éventuelle de la tête et une avancée de l'oiseau en direction de la voix, avec redescente de la huppe. Ensuite, il est possible de lui tendre la main, légèrement refermée, avec douceur ou éventuellement avec une friandise. Si la perruche s'approche, prend l'objet ou bien tente de grimper sur l'index, il y a de bonnes chances pour que « le courant passe ».

faire de mes bêtes, si elles sont encore vivantes, lorsque je ne pourrai plus m'en occuper ? ». Cette même question peut intervenir dans d'autres situations (déménagements, manque de place, etc.). Pour un oiseau de volière, cela ne pose pas forcément un problème insurmontable : il « suffit » de retrouver quelqu'un pouvant lui offrir des soins appropriés, notamment un logement au moins aussi spacieux. En revanche, pour un animal élevé à la main, la chose est souvent beaucoup plus compliquée : il se tisse des liens affectifs étroits entre l'oiseau et le propriétaire. Toute modification brutale de ses liens, même minime parfois, comme un changement de place de la cage, peut se traduire par des troubles psychologiques graves :
– apathie, prostration, refus de s'alimenter ;
– picage (arrachage des plumes).

Même si les Cacatoès et les Perroquets sont bien plus sensibles à ces troubles que notre Calopsitte, il est préférable de garder cela en mémoire. Dans tous les cas, la transmission d'un oiseau familier n'est pas aisée.
La durée de vie d'une Calopsitte, dans de bonnes conditions, est de 15 ans environ. Certains sujets atteignent néanmoins des âges plus importants, de l'ordre de 20-22 ans. Mais, ils sont tout de même des cas exceptionnels.

Le choix d'un animal dépend de tous les critères examinés plus haut, mais encore de la place à la maison. Très souvent, dans un appartement ou une petite maison de ville, il n'existe pas de jardin assez grand pour y installer une volière. Le bruit peut aussi se révéler être une source de conflits avec des voisins grincheux. Bref, la cage est l'unique recours dans ce genre de situations. Elle est forcément limitée en dimensions, même si elle envahit la moitié du salon. Il est vrai que, dans ce cas, l'oiseau élevé à la main s'avère un bon choix. Très habitué à la proximité de l'homme et à un environnement « humain », il s'y sentira plus à l'aise qu'un sujet « naturel ».
Attention toutefois : même habituée, la Calopsitte n'en reste pas moins un oiseau qui vole. Alors, gare aux portes et aux fenêtres ouvertes ! Pour éviter cela, il est possible de couper des plumes de vol, sur une seule aile. Ainsi déséquilibrée, elle ne pourra plus envisager des voyages au long cours. Pour des raisons esthétiques, les premières rémiges sont conservées intactes : de cette manière, l'aile présente toujours un aspect normal, tant qu'elle n'est pas dépliée.
L'oiseau apprivoisé peut être laissé en liberté dans la maison, mais seulement en présence du propriétaire ! Outre les éventuelles salissures causées par les déjections, il ne faut pas oublier que nous sommes en présence d'un « bec crochu », dont la passion est de mâcher et de ronger divers matériaux, même si la Calopsitte n'est pas le plus virulent d'entre eux. Aussi, les dégâts peuvent-ils être importants sur les objets de la maison, sans parler des risques pour la vie de l'animal en cas d'ingestion de matières toxiques (certaines plantes d'appartement le sont, par exemple) ou de section des isolants des fils électriques, par exemple.

Coupe des plumes de vol

Couper les rémiges suivant le trait

Pour les raisons précédentes, mais aussi pour des raisons affectives notées plus avant, une perruche élevée à la main demande une attention soutenue. Il est impératif de passer quotidiennement un laps de temps avec l'oiseau. La Calopsitte adore se reposer sur l'épaule de son maître, tout en jouant avec ses cheveux, ses oreilles ou, ô régal, ses branches de lunettes. Elle se pâme aussi pour quelques gratouilles autour du cou, plus particulièrement sur la nuque et sous le bec.

C'est l'heure de la sortie !

Environnement de l'oiseau

Outre la cage, que nous regarderons en détail plus loin, il est important, pour son bien-être, de choisir correctement l'environnement de l'oiseau.

Perruche en volière extérieure

La volière sera située de préférence dans un endroit calme, à l'abri du vent et des intempéries. Les animaux domestiques (chats et chiens) ne devront pas pouvoir y accéder, en particulier la nuit, ni pouvoir grimper dessus ou s'accrocher aux grillages. Cela s'applique aussi aux animaux sauvages (fouines, rats, renards, hiboux...). Il faut penser aussi que la Calopsitte peut se révéler très bruyante. Un couple sera sans doute supportable pour les voisins ; en revanche, une colonie le sera bien moins. Attention donc où est implantée la volière.

Bon modèle de volière intérieure

Perruche en cage ou volière intérieure

Le positionnement de la cage dans la maison est lui aussi primordial. Il convient d'éviter les courants d'air, en particulier la proximité d'une porte ou d'une fenêtre, surtout si celle-ci, comme c'est souvent le cas, laisse passer un léger coulis d'air froid en bas ou sur les côtés. Les rayons du soleil derrière une baie vitrée, en plein été, sont tout aussi délétères : il ne faut pas confondre oiseau domestique et poulet rôti ! Mais la présence de lumière naturelle est très importante, en particulier pour la synthèse de la vitamine D_3, laquelle participe à la fixation du calcium. Or, la qualité du plumage est directement fonction de

Modèle Aida © Ferplast

Modèle Beta © Ferplast

l'assimilation du calcium, surtout durant les périodes de mue, bien évidemment. Pour cela, lorsqu'il n'y a pas de soleil direct, il est possible de profiter de la présence d'une fenêtre, mais il est tout aussi salutaire de sortir la cage sur la terrasse, quand la température extérieure est voisine de celle de la maison, pour prévenir un choc thermique. Il est évident que les portes de la cage seront soigneusement vérifiées, voire cadenassées. De même, on évitera de laisser ses oiseaux sans surveillance dans le jardin. Un chat, un animal ou même des enfants peuvent venir « en voisins », ce qui ne sera certainement pas du goût de nos Calopsittes !

Modèle Irene Special © Ferplast

Le bon sens consiste aussi à éviter de placer la cage sur un chemin de passage fréquenté, en particulier par les jeunes enfants et le chien, sauf peut-être, et dans une certaine limite, pour un oiseau apprivoisé, qui aime la compagnie des humains et le bruit qui les entoure.
Plusieurs pièces sont à proscrire d'office : la chambre à coucher, sauf si vous aimez être réveillé en fanfare aux premiers rayons du soleil. La cuisine est également prohibée : les vapeurs de cuisson (graisses en particulier) sont très préjudiciables aux poumons des oiseaux, lesquels sont des organes complexes et fragiles, différents des nôtres pour assurer la fonction du vol. Enfin, le salon ou la pièce de séjour peuvent ne pas convenir non plus, particulièrement à proximité de la chaîne stéréo ou de la télévision, surtout si vous aimez regarder les matchs de foot en compagnie d'une horde de voisins supporters !
Il faudra aussi éviter les insecticides, les bombes d'encaustique pour les meubles, les produits lustrant à pulvériser sur les plantes, les différents désodorisants et, bien évidemment, la fumée de cigarette !

Outre l'aspect bruyant, il est utile de garder en mémoire, avant l'achat de préférence, les autres inconvénients inhérents à la présence d'oiseaux dans une maison : les salissures diverses (écorces de graines, sable, morceaux de fruits, plumes…), une légère odeur doucereuse et, surtout, des allées et venues avec de l'eau, du gravier ou des graines en main à travers les pièces.

Se préparer à l'acquisition de l'oiseau

Préparer le logement

« J'arrive, mais je n'ai pas pris de valises »

Lorsque la décision de l'achat a été prise, après mûre réflexion et lecture de documentations, la première chose à faire n'est pas de se précipiter au magasin ou chez l'éleveur pour rapporter les oiseaux à la maison. Il faut d'abord s'inquiéter du logement, de l'alimentation et des accessoires nécessaires. Les oiseaux étant vendus dans des cartons de transport, moins ils y séjourneront, moins ils seront stressés ! S'il faut passer une ou deux heures pour monter la cage et s'apercevoir qu'il manque un ustensile, mieux vaut que cela survienne avant !
Préparer le logement, cela veut dire mettre la cage ou la volière en place, au bon endroit, la nettoyer (minutieusement et avec un désinfectant si elle a déjà accueilli des animaux auparavant) et vérifier que les accessoires sont propres, au complet et en état de fonctionner : portes, perchoirs, abreuvoirs, mangeoires, tiroirs à sable, etc.
Les graines, l'eau, le fond de cage et les différents accessoires (os de seiche, blocs minéraux, perchoirs…) sont mis en place. De cette façon, à l'arrivée des animaux, l'intervention est extrêmement limitée durant plusieurs jours. Ceci permet d'épargner du stress aux oiseaux et leur laisse le temps d'explorer calmement leur domaine et de se l'approprier.

Où acheter les oiseaux ?

Chacune des filières présente des avantages et, bien entendu, des inconvénients. Aller chez un éleveur permet souvent un choix large d'oiseaux et de couleurs. Il est possible de voir les conditions de maintenance et quels aliments sont utilisés. En revanche, celui-ci n'habite pas nécessairement à proximité et n'a pas toujours le temps de répondre à toutes les questions. Or, si vous oubliez un détail, il ne vous restera que le téléphone. En cas de soucis, vous ignorez aussi quelle sera sa réaction. Choisir une animalerie limite forcément le choix. Vous pouvez aussi tomber sur un vendeur spécialiste des poissons, totalement ignorant des oiseaux : les conseils peuvent donc être pour le moins variables.

« Ici, c'est chez vous ! »

ANIMALERIE OU ÉLEVEUR ?
Il existe de bonnes animaleries, avec de bons oiseleurs, comme de bons éleveurs. *A contrario*, il y en a de mauvais dans les deux cas et en nombre au moins égal ! Alors, comment faire et comment savoir si l'on est en présence d'un professionnel honnête ? Tout d'abord, il faut examiner les lieux : des cages ou des volières sales, mal entretenues ne sont pas de bons signes. Ensuite, il convient d'examiner les animaux (voir chapitre suivant) et, enfin, de poser quelques questions, dont on connaît certaines des réponses, pour se faire une opinion des compétences du vendeur.

En revanche, il y aura sur place tout ce dont vous avez besoin pour équiper la cage et nourrir les oiseaux et rien ne vous empêche d'y retourner quatre fois de suite si vous hésitez un peu à acheter telle ou telle espèce ou s'il vous reste des questions à poser.
Si vous souhaitez vous lancer dans l'aventure de la reproduction, et à moins de tomber sur un vendeur lui-même expérimenté, les conseils seront sans doute plus éclairés chez un éleveur, sauf, éventuellement, si celui-ci voit en vous un concurrent possible.
Néanmoins, il faut arrêter de croire à certaines rumeurs qui prétendent que, dans un magasin, les oiseaux sont « opérés » et ne peuvent plus reproduire ou bien ne sont que des « vieux coucous ». Il est évident qu'un mauvais reproducteur ou qu'un oiseau stérile a bien plus de chances de sortir des élevages en direction du commerce. Il en est de même, dans une moindre mesure, des perruches qui atteignent l'âge de moins bien reproduire. Mais c'est vrai pour les deux origines : animaleries et éleveurs. N'oublions pas qu'un magasin achète à des élevages ! Enfin, il faudrait imaginer le coût d'une opération pour stériliser un oiseau (et dans quel but ?) : son prix deviendrait faramineux.

Il est aussi une mode qui dure depuis un certain temps : ce sont les garanties. Certaines grandes chaînes de magasins se battent à qui offrira la plus longue période de « garantie » des animaux ! Quelle horreur ! Les animaux, des êtres vivants, sont assimilés à des « produits ». Le premier bon réflexe serait de se sauver de ces boutiques en courant, car cela prouve le peu de cas qui est fait de la vie, uniquement pour sacrifier au marketing commercial de l'enseigne. Il faut savoir qu'il n'est pas convenable de parler de garanties pour un animal : le Code rural, qui fait autorité en la matière, mentionne les « vices rédhibitoires » et les recours en cas de problèmes. Sur ce sujet, il faut aussi faire preuve de sens critique et, lorsque survient un souci, la première chose à envisager n'est pas de trouver un bouc émissaire, mais d'en chercher les raisons, les erreurs qui ont pu être commises et les corriger, bien entendu. L'achat d'un animal doit être une chose réfléchie qui implique la responsabilité de l'acquéreur au moins autant que celle du vendeur. Si ce dernier se doit de fournir des oiseaux sains, l'acheteur se doit de leur apporter des conditions de vie et de soins adaptées. Pour cela, il est important d'aller chercher suffisamment de renseignements en amont, auprès d'éleveurs, d'amis, de livres ou d'Internet,

L'achat d'un oiseau doit être un acte réfléchi !

Une palette de couleurs possibles (ici mutation lutinos)

afin d'être prêt le jour de l'arrivée des animaux à la maison. Il est illusoire de compter uniquement sur le vendeur, que ce soit en magasin ou directement chez l'éleveur, pour obtenir toutes les informations nécessaires. Le temps que dure l'échange est forcément trop court pour cela. Enfin, il est ensuite un peu trop facile de prétendre d'un ton accusateur : « Vous ne me l'aviez pas dit », lorsque survient le problème !

Les critères d'achat

Quelles sont les raisons qui vont vous faire préférer tel oiseau ou tel lieu d'achat ? L'hygiène et la qualité de la maintenance sont essentielles, mais cela a déjà été dit. Ensuite, il ne faut pas oublier l'envie : telle couleur d'oiseau vous attire davantage ou bien celui-ci est plus familier ou répond davantage à vos encouragements (surtout dans le cas d'un sujet apprivoisé). Enfin, viennent les critères sanitaires à observer minutieusement, pour savoir si l'animal est en bonne forme.

• Condition générale : il est évident qu'il faut éviter d'acquérir un animal montrant des blessures ou qui reste prostré dans son coin. Un comportement alerte et un port normal sont de bons signes. Il convient d'observer la position sur le perchoir : un oiseau en forme se tient haut sur les pattes et non pas tassé, donnant l'impression que le barreau fait partie de son estomac.

• Le plumage : il doit être lisse et légèrement brillant, non ébouriffé. Un oiseau en boule n'est jamais bon signe. Un plumage terne, sale, abîmé ou ayant un aspect poudreux indique une maintenance insatisfaisante : carences, manques d'eau pour la toilette…

• Les ailes et la queue : bien évidemment le transport fait que des grandes plumes peuvent avoir été cassées, ce qui n'est pas trop inquiétant, si cela reste dans des proportions raisonnables. Mais les ailes doivent être à bonne hauteur et les pointes se croiser au bas du dos, de manière symétrique. Des ailes pendantes, écartées et basses sont autant de facteurs prouvant un piètre état de santé.

• Les pattes : il s'agit de membres fragiles chez les oiseaux. Celles-ci seront propres. La présence de saletés coincées dans les ergots reflète une hygiène douteuse, avec de fortes chances de foyers microbiens, pouvant aller jusqu'à la nécrose ou la gangrène des doigts. Des croûtes plus ou moins blanchâtres sont souvent dues à des problèmes de gales. Il ne doit pas manquer des doigts ou des ergots. Même si la cause n'est pas nécessairement grave, mais davantage liée à l'histoire de l'oiseau (bagarres, gel des pattes…), et ne joue pas sur la santé actuelle, cela peut avoir des conséquences sur les facultés de reproduction. En effet, la copulation peut être gênée, si l'oiseau présente des problèmes de stabilité. Les pattes auront de préférence une couleur grise uniforme (forme naturelle) et seront lisses : cela indique un spécimen plutôt jeune. Pour les animaux bagués, il ne doit pas y avoir de boursouflures autour de l'anneau de la bague. Cela indiquerait un diamètre inadapté avec création d'un œdème : celle-ci devrait alors être coupée rapidement et la plaie enduite d'une crème cicatrisante ou antibiotique.

• Le bec et la cire : là aussi, il faut un ensemble lisse, exempt de plaques ou de petites croûtes, souvent synonymes de gales. Le bec ne doit pas être déformé ou de travers : ces défauts ont tendance à s'amplifier jusqu'à empêcher la prise de nourriture. Il est alors nécessaire de couper les excroissances du bec à l'aide de petites pinces, pour

Jeunes spécimens de 5 semaines

lui redonner une rectitude convenable, ce qui n'est pas chose aisée. La cire doit être vierge de tout écoulement nasal, indiquant au mieux un rhume, au pire une infection plus grave.

• Les yeux : ceux-ci ont normalement un aspect brillant et vif. Des yeux ternes ou larmoyants sont des signaux nets d'un problème plus grave.

• Le cloaque : les plumes qui entourent celui-ci sont normalement propres. Des traces d'excréments prouvent que l'oiseau est atteint d'une diarrhée (mauvaise alimentation en particulier) ou qu'il est parasité (vers, coccidiose...). Cette partie du corps ne doit pas être gonflée, car cela pourrait être lié à une constipation ou à un problème de ponte chez une femelle.

• La respiration : elle doit être inaudible, régulière et non pas haletante. Si l'oiseau donne l'impression de « pomper » et qu'en plus il ouvre fréquemment le bec, il y a fort à parier qu'un souci pulmonaire existe. Les maladies liées à l'appareil respiratoire, très fragile, sont nombreuses, très difficiles à guérir et fréquemment contagieuses.

Il est indiqué d'observer l'objet de ses désirs un long moment, avec un peu de recul, pour ne pas perturber son comportement. Outre la longue liste des critères ci-dessus, cela permettra de voir si deux oiseaux présentent des affinités entre eux, dans l'hypothèse de la création d'un couple. De cette façon, il est aussi possible de noter des attitudes agressives ou soumises et des gestes répétés qui auraient une cause probable. À titre d'exemple, des perruches qui se grattent très souvent, de manière vigoureuse et pendant un laps de temps important pourraient bien être infestées de parasites, tels que des poux.

Femelle cinammon perlée face blanche

L'installation de votre perruche Calopsitte

Choix de la cage ou de la volière

Sans aborder l'aspect esthétique, qui relève du goût de chacun, nous allons donner des indications précises pour sélectionner le logement de nos perruches Calopsittes.

Quelques exemples de cages

Une cage à la maison

Si, pour des raisons de place ou bien parce qu'il s'agit d'un oiseau apprivoisé, la solution envisagée est la maintenance en cage, le choix de celle-ci est important.
Il est évident que plus elle sera spacieuse, mieux ce sera. Dans tous les cas, il ne faudrait pas aller en dessous des dimensions suivantes, pour un couple : 100 × 60 × 100 cm (L × l × h), sauf si les animaux sont autorisés à des sorties régulières et prolongées. La structure de la cage sera en métal inoxydable ou laitonné. Il est souhaitable d'éviter les cages de couleur, sauf si celles-ci sont garanties atoxiques. L'habitude des becs crochus de « ronger » fera que la peinture sera rapidement écaillée, ce qui rendra l'ensemble inesthétique. De plus, l'ingestion de la peinture peut présenter des risques pour l'animal. La résistance du grillage constitutif sera suffisante, avec un diamètre de fil supérieur à 1 mm. La puissance du bec de la perruche Calopsitte n'est pas très élevée, pour sa famille, pas plus que son caractère destructeur, mais il ne faut pas non plus la sous-estimer.

Les perchoirs seront de préférence en bois. Les accessoires en plastique sont inadaptés, car ils seraient vite détruits et, là encore, avec des risques d'ingestion. Les perchoirs en métal sont indestructibles, mais aussi inconfortables pour l'oiseau. Le bois reste la meilleure solution, même s'il présente aussi des défauts : en particulier, la structure assez poreuse laisse la possibilité aux bactéries de s'y développer. Il faut donc penser à les nettoyer et à les désinfecter régulièrement. Le diamètre des perchoirs sera d'environ 16 mm, mais l'idéal est de fournir aux oiseaux des perchoirs de diamètres variables. En effet, lorsque tous possèdent les mêmes dimensions, les doigts prennent toujours une position identique et cela peut conduire à de l'arthrose. Imaginons-nous avec les mains repliées de la même façon toute la journée… Pour cela, il existe maintenant, dans le commerce, des perchoirs présentant des sections variables. Sinon, il reste la possibilité d'utiliser des branchages naturels, si la cage est assez vaste. Dans ce cas, il ne faut pas prendre n'importe quelle essence, certaines pouvant être toxiques. Les fruitiers, le saule, le bouleau ou bien le noisetier font l'affaire.

Une cage bien équipée est indispensable

Laisser l'écorce permet aux animaux de prendre plaisir à la décortiquer, mais il faut respecter les précautions d'usage et désinfecter tout cela avant introduction dans la cage.
Pour ce faire, l'eau de Javel® diluée, suivie d'un copieux rinçage à l'eau chaude et d'un long séchage, fonctionne parfaitement. Dans tous les cas, même si cela ne sert pas de perchoir, il est intéressant d'occuper les perruches avec des brindilles de bois qu'elles vont grignoter avec délectation. Enfin, il faut garder à l'esprit que des perchoirs en bois seront régulièrement remplacés, suite aux dégradations subies.

COMBIEN DE PERCHOIRS ?
Le nombre de perchoirs dans une cage doit être assez faible : 2 ou 3 suffisent. Trop souvent, l'amateur néophyte encombre le logement avec trop d'accessoires, ce qui rend l'espace pour le vol insuffisant. Il est au contraire intéressant de placer un perchoir à chaque extrémité de la cage et, éventuellement, un en hauteur, là où l'animal aime se reposer.

Afin d'aider à l'entretien du bec et des ongles, il est nécessaire de procurer aux oiseaux une surface rugueuse où ils vont venir se percher et frotter leur bec. Pour cela, il existe des petits fourreaux en carton, recouverts d'abrasif, qui se glissent sur les perchoirs. Ce n'est pas la solution idéale, dans la mesure où ces produits se dégradent vite, notamment avec des becs crochus qui n'auront de cesse de dépiauter le carton. Aujourd'hui, il existe en magasin des produits plus performants, en particulier des perchoirs en pierre ponce, très résistants, disponibles dans différents diamètres. Vous trouverez aussi des perchoirs en calcium. Ceux-ci possèdent deux avantages : outre l'aspect abrasion, ils sont en quelque sorte « biodégradables », dans le sens où les oiseaux vont avoir la possibilité de les grignoter, ce qui constituera une source de minéraux.
Les abreuvoirs et les mangeoires devront avoir une large ouverture. Ils seront, si possible, en matière plastique très dure ou, mieux encore, en métal inoxydable. Ils devront être nettoyées et désinfectés au moins une fois par semaine. De trop grands ustensiles ne sont pas utiles. D'une part, la Calopsitte boit peu et, d'autre part, de larges mangeoires ont tendance à être trop remplies, chaque jour. Or, dans un mélange de graines, l'oiseau cherche d'abord ce qu'il aime le mieux, comme un enfant auquel on proposerait le choix entre du chocolat et de la soupe. Si les rations sont abondantes, et renouvelées quotidiennement, il continuera à ne consommer que ses graines préférées, avec le risque de générer des carences ou des excès nuisibles. En clair, il est nettement préférable de ne donner, tous les jours, que la dose correspondante à la consommation journalière, afin que l'ensemble soit réellement mangé. Par ailleurs, même si la Calopsitte boit peu, l'eau sera renouvelée tous les matins. Il est aussi recommandé de ne pas distribuer l'eau du robinet, si celle-ci est fortement chargée en nitrates ou en dérivés chlorés.
Le fond de la cage sera recouvert d'un peu de gravier, de préférence enrichi en calcium (brisures de coquillages), ou d'une feuille sablée achetée dans le commerce et découpée à la bonne dimension. Pratique, cette dernière se révèle onéreuse à l'usage. De plus, elle n'est pas bien adaptée aux becs crochus qui vont forcément chercher à la grignoter. Le papier, journal en particulier, est prohibé. Les encres sont souvent toxiques. Enfin, il existe des litières, notamment à base de chanvre broyé ou de rafles de maïs, qui peuvent être utilisées pour des oiseaux. Leur pouvoir absorbant est intéressant, mais le coût reste important et il ne faut pas oublier, dans ce cas, de proposer une petite écuelle avec du gravier. En effet, celui-ci ne possède pas qu'un rôle hygiénique. Les oiseaux, surtout les granivores, en consomment un peu chaque jour. La mâchoire n'étant pas pourvue de dents, ils avalent les graines entières ou en morceaux importants. C'est l'organisme qui va broyer celles-ci, avec l'aide des sucs gastriques. Pour réaliser l'opération, les oiseaux présentent une poche œsophagique, le gésier, dont la fonction est justement d'effectuer ce broyage, avant l'envoi au système digestif. Les petits graviers avalés se retrouvent aussi dans le gésier et aident à cette opération, un peu à la manière d'un broyeur à boulets industriel. En l'absence de possibilité d'ingestion de gravier, l'action du gésier est fortement amoindrie et le reste du système digestif n'est pas en mesure d'effectuer cette tâche de broyage. Des troubles apparaîtront alors rapidement. Il est donc extrêmement important de ne pas oublier l'apport de gravier.

La baignoire n'est pas utile : la Calopsitte ne se baigne pas, elle apprécie en revanche les douches, qu'il s'agisse de la pluie ou d'une aspersion avec un petit pulvérisateur, du style de ceux utilisés sur les plantes vertes et n'ayant pas contenu de produits (insecticides, engrais...). Il est conseillé d'effectuer une pulvérisation chaque jour.

Cela permet de conserver un plumage en bon état. Les plumes s'usent par frottements et dégagent une sorte de fine poussière. Si celle-ci demeure en place, l'oiseau devient terne. La douche permet de l'éliminer. Par ailleurs, elle joue un rôle non négligeable dans la repousse des plumes, après la mue ou après un accident (bagarre, picage).

La nuit, il est conseillé de recouvrir la cage d'un tissu. Cela permet d'assurer aux oiseaux un cycle de repos nocturne, si la pièce est éclairée pour les besoins du propriétaire, et évite les sursauts brusques quand il survient un événement quelconque dans la maison. Par ailleurs, cette méthode simple limite le chant et les cris qui font écho aux discussions ou aux commentaires du match de foot à la télévision.

Une volière en extérieur

La volière reste le meilleur logement pour la Calopsitte. Contrairement à beaucoup de perroquets qui passent bien plus de temps à grimper qu'en vol, cette perruche est ce qu'il est convenu d'appeler un bon voilier. En d'autres termes, elle vole bien et fréquemment. Jacqueline et Gabriel Prin préconisent les dimensions suivantes : 3 × 1 × 2 m (L × l × h), pour un couple ou deux, éventuellement avec quelques petits oiseaux autres. Pour un nombre plus important, il est bien évident que ces cotes seront revues à la hausse. Un abri d'environ 1 m de profondeur jouxtera la volière, la communication avec le corps de la volière étant assuré par une petite porte d'environ 20 à 30 cm de côtés. Même si, une fois acclimatée, la Calopsitte ne craint pas trop le froid, il faut qu'elle puisse s'abriter en période de gel ou de températures basses, liées à de mauvaises conditions climatiques (vent, humidité, brouillard...). Il est parfois nécessaire de pousser les animaux à rentrer dans l'abri, la nuit principalement, si les gelées sont fortes. En effet, les pattes des Calopsittes sont sensibles, en particulier si les oiseaux ont pris l'habitude de se suspendre au grillage métallique. Le gel des pattes peut entraîner des gelures sévères qui conduisent à la perte des doigts. De même, il faudra mieux éviter l'orientation générale de la volière face aux vents froids ou aux pluies. La meilleure solution est sans doute de l'axer vers le sud.

Volières extérieures

La volière est constituée d'une armature et d'un grillage. Le grillage aura un maillage assez fin et solide, et il sera de préférence en métal inoxydable. Le squelette de la volière sera idéalement en métal, mais la Calopsitte n'étant pas trop destructrice, un bois dur peut convenir. Attention toutefois au traitement utilisé pour protéger ce dernier : la plupart des produits imperméabilisants sont toxiques. Si la structure est réalisée en bois, il sera utile de fournir aux oiseaux beaucoup de branchages, afin de distraire leur attention des montants de la volière.

Le dessus de la volière peut être terminé par un toit, par-dessus le grillage, en tôles opaques, par exemple. Cela évite que des oiseaux indigènes s'y perchent. La présence de ces oiseaux est gênante à au moins deux

titres : en premier lieu, des oiseaux de proies, nocturnes en particulier, peuvent effrayer nos hôtes, jusqu'à causer des mouvements de panique, avec des risques de blessures ; ensuite, les indigènes laissent choir leurs excréments dans la volière et c'est un risque de contamination, plus spécialement par des parasites intestinaux. Mais la perruche Calopsitte aime se présenter à la pluie, ailes écartées, pour entretenir son plumage et le toit l'en empêche. Deux solutions s'offrent donc à vous : couvrir la volière sur les deux tiers de sa longueur, en ne laissant que le dernier tiers ouvert, ou bien réaliser une toiture amovible coulissante. Cette seconde hypothèse est le meilleur choix, mais il est plus compliqué techniquement, et aussi plus onéreux.
Il est évident que la volière sera correctement fixée au sol, de préférence sur un petit muret de briques. Ainsi, les parties en bois ou en métal ne seront pas en contact avec la terre, ce qui limite la dégradation des matériaux. De plus, si les fondations de ce petit muret sont assez profondes, les nuisibles (souris, mulots...) ne pourront pas pénétrer à l'intérieur. On évite ainsi des risques de propagation microbienne. Enfin, même si la Calopsitte n'est pas experte dans le domaine, il arrive qu'elle gratte le sol ou agrandisse un trou de souris et profite de l'aubaine pour prendre la clef des champs. Le muret pallie cet inconvénient.

Le sol de la volière peut être entièrement maçonné. C'est une méthode propre et bien pratique pour effectuer nettoyages et désinfections. Néanmoins, les Calopsittes préfèrent de loin un sol naturel, que ce soit pour le bien-être des pattes qui s'abîment vite sur le ciment, ou pour le plaisir de gratter la terre. Si une végétation naturelle s'y développe, elles se régaleront de mauvaises herbes ou de graminées, notamment des plantes issues des graines tombées au sol. L'inconvénient majeur reste l'aspect hygiénique : il n'est pas possible de laver ou de désinfecter de la terre, même si une couche de sable a été rajoutée par-dessus ! De plus, les oiseaux peuvent être contaminés plus facilement par des larves de vers intestinaux. Si cette solution est retenue, il faudra donc penser à vermifuger les oiseaux régulièrement, en moyenne tous les trois mois.

Les perchoirs seront placés aux extrémités de la volière. Là aussi, comme pour la maintenance en cage, deux ou trois suffisent. Il faut penser à en rajouter un dernier dans l'abri. Les contraintes (diamètre, matériaux, etc.) sont les mêmes qu'au chapitre précédent. Ici, compte tenu des tailles nécessaires, des branches naturelles sont parfaitement indiquées. Les autres accessoires, abreuvoirs et mangeoires en particulier, seront placés dans l'abri. Cela présente plusieurs avantages : outre que les animaux s'habituent ainsi à rentrer dans l'abri, cela évite d'attirer les oiseaux sauvages et les rongeurs. Enfin, surtout en l'absence de toit (ou avec une couverture amovible), les déjections des moineaux et autres endémiques ne souillent pas les écuelles.

Température et humidité

Comme nous l'avons vu, la perruche Calopsitte craint assez peu le froid, hormis le gel, surtout associé à de mauvaises conditions météorologiques. Au fil des décennies en captivité, elle s'est habituée à nos climats européens. Il est bon de remarquer qu'en Australie, sa contrée d'origine, toutes les régions ne sont pas tropicales. Le sud du pays, en particulier, présente un climat plutôt rigoureux. Néanmoins, il ne faut pas pour autant considérer qu'il n'existe aucun risque. Les courants d'air restent absolument dangereux. De plus, il ne faut pas passer brutalement un oiseau vivant à l'intérieur dans une volière extérieure en plein hiver. En cas d'achats à cette période de l'année, et si l'animal provient d'un magasin chauffé, il est impossible d'introduire l'animal directement dans la volière. Il faut soit attendre les beaux jours pour effectuer l'acquisition, ce qui est la solution la plus simple, ou bien utiliser des paliers progressifs, par exemple en plaçant la Calopsitte en cage, située dans une pièce dont on va pouvoir descendre graduellement la température, sur environ un mois. Cette méthode présente l'avantage de lier l'acclimatation en température et la période de quarantaine sanitaire. Néanmoins, elle est souvent délicate à mettre en œuvre : il est rare de pouvoir contrôler la température d'une pièce de la maison entre 20 °C et 25 °C !

Différentes mutations de Calopsittes
© D. Mario

L'humidité, surtout associée au froid, n'est pas très bien ressentie par notre perruche. Mais, cela ne veut pas dire qu'elle n'aime pas la pluie, bien au contraire : nous l'avons déjà évoqué. En extérieur, cela se passe plutôt sans problèmes. Il n'en va pas de même à l'intérieur de la maison, où l'atmosphère est souvent trop sèche. La conséquence est une altération du plumage : il faut donc penser à pulvériser l'oiseau régulièrement.

Groupe de Calopsittes © D. Mario

En cage, le mélange d'espèces
est peu indiqué

Le comportement de la perruche Calopsitte

Le comportement social ou intra-spécifique

Ceci a déjà été abordé largement dans le chapitre relatif au choix du nombre d'oiseaux. Pour résumer, nous pouvons dire que la perruche Calopsitte est un oiseau qui a un comportement social très souple. Il est rare de constater des querelles internes. Si cela survient, et c'est exceptionnel, il est probable que le nombre de sujets soit trop important pour le volume de la volière et qu'il existe un déséquilibre numérique entre les sexes, en faveur des mâles. Dans ce dernier cas, il peut éventuellement y avoir des rivalités pour la conquête de ces dames, à l'approche de la saison des nids. Néanmoins, ces accrochages sont habituellement sans conséquences, sauf qu'ils induisent des perturbations sur la bonne marche de la reproduction. Enfin, un couple peut parfois être l'exception qui confirme la règle et faire preuve d'un comportement plus agressif, mais, là encore, c'est un cas peu commun.

Le comportement inter-spécifique

Les relations entre nos perruches Calopsittes et les autres espèces sont généralement excellentes. Elles font preuve d'une extrême tolérance et d'un calme plutôt exceptionnel, pour un Psittaciforme. Il est donc facile de l'associer, au moins dans une volière. Dans une cage, les distances de recul sont très faibles. Donc, lorsqu'un oiseau, même peu agressif, veut exercer une domination sur un autre, ce dernier n'a pas forcément la possibilité de prendre ses distances pour éviter de subir cette domination. Il passe donc en état de stress ou bien reçoit éventuellement quelques coups. Il existe toujours, entre oiseaux, des relations de dominance, ne serait-ce que pour l'accès aux mangeoires ou aux perchoirs, comme chez l'homme d'ailleurs : il suffit de regarder une cour de récréation pour s'en convaincre ! Il est donc fortement recommandé d'éviter tout mélange, dans l'hypothèse où les animaux sont gardés en cage.

En volière, la Calopsitte peut être associée à des oiseaux calmes, pas trop petits, avec des besoins alimentaires similaires ou non (dans ce cas, il faudra prévoir des mangeoires différentes). Parmi les possibilités, voici quelques pistes :
– Passereaux (Canaris, Lonchures et même Diamants) ;
– Colombidés (Tourterelles, Colombes) ;
– insectivores (Bulbuls, petits Garrulaxes, Martins, Rossignols...) ;
– autres becs crochus (perruches Catherines, Kakarikis, Euphèmes, Polytèles).

Malgré son caractère facile, il convient de faire preuve de prudence à l'approche de la saison de reproduction. Il arrive en effet qu'un couple de Calopsittes soit légèrement plus belliqueux. Compte tenu des écarts de force et de puissance, si la Calopsitte est logée en compagnie de petits oiseaux, cela peut avoir des conséquences évidentes. Mais, encore une fois, ce sont des cas très rares.
En revanche, il faut absolument éviter les espèces teigneuses qui pourraient perturber les nids, comme la Perruche ondulée ou les Inséparables, lesquels sont particulièrement agressifs lorsqu'il s'agit de s'approprier les nichoirs. Souvent, la Perruche ondulée est considérée comme bien plus petite et donc on pense que la Calopsitte est de taille à se défendre. Certes, les adultes n'ont pas vraiment grand-chose à craindre, mais les oisillons au nid se feront massacrer à coup sûr, avant l'envol. En conclusion, si vous souhaitez voir reproduire vos Calopsittes, il est impératif de laisser les Ondulées dans une volière spécifique.
Il est tout aussi essentiel de ne pas associer des espèces risquant de dominer trop vigoureusement notre pauvre Calopsitte, voire de la molester ou de la tuer, comme le Croupion rouge et les autres Pséphotes, les Perruches à collier ou les Platycerques, y compris la Perruche omnicolore. Ce dernier cas mérite un mot d'explication. Très souvent, dans les animaleries ou chez les particuliers, la Calopsitte est logée en compagnie d'Omnicolores et tout le monde de prétendre que « ça va bien ». Il est vrai que cela peut aller bien... un certain temps. Les Omnicolores sont longues à atteindre la maturité sexuelle (entre un et deux ans) et encore plus à se reproduire. Tant qu'elles sont adolescentes, si l'on peut dire, elles peuvent se montrer, effectivement, plutôt de bonnes colocataires. Mais, quand elles arrivent à l'âge adulte et qu'elles désirent nicher, ceci d'autant plus qu'on est en présence d'un couple, la situation peut changer très brutalement, sans signe avant-coureur évident. Un matin, le propriétaire découvre ses Calopsittes sur le sol, le crâne défoncé. Cette remarque peut s'appliquer à beaucoup d'autres espèces (Conures, Platycerques...) : des oiseaux immatures sont relativement tolérants, des adultes nettement moins. En magasin, ce sont surtout des jeunes sujets qui sont à la vente. Donc les associations sont plus aisées, ce qui rend bien service aux animaleries, compte tenu de la place restreinte. Mais cela peut donner une idée fausse aux clients ; aussi ne faut-il pas toujours prendre pour argent comptant ce qu'on a sous les yeux !

Occuper ses oiseaux

Un animal en volière, et bien plus encore en cage, ne possède pas un emploi du temps trop rempli ! Dans la nature, l'activité principale est la recherche de la nourriture et de l'eau. Ensuite viennent la toilette, la reproduction et l'élevage des jeunes. En captivité, il n'a guère de difficultés à trouver les mangeoires et même si des aliments frais sont distribués, cela n'occupe pas du tout le même temps qu'en milieu sauvage. Il est donc intéressant d'occuper ses Calopsittes pour éviter le phé-

Diamants mandarins : des colocataires possibles © D. Mario

Le Canari : une autre association possible © D. Mario

nomène d'ennui (oiseaux apathiques), voire certains tics : allers et retours constants sur un perchoir, arrachage des plumes... Cette remarque prend encore bien plus de sens si l'on est en face d'un individu isolé dans une cage (perruche apprivoisée, par exemple).
Le premier moyen pour occuper ses Calopsittes est de répartir la nourriture en plusieurs endroits et de distribuer les aliments frais qui peuvent l'être, tels quels (non épluchés). Ils mettront davantage de temps à consommer leur pitance. Ensuite, il est important de fournir des branchages et des brindilles frais. Les oiseaux adorent dépecer l'écorce et découper les parties moins résistantes. Les essences qu'il est possible de distribuer ont déjà été mentionnées : saule, arbres fruitiers, bouleau, noisetier. Il est important de s'assurer que ces branchages n'ont pas subi de traitements (insecticides, fongicides…) et de bien les nettoyer. Pour cela, on commence par les passer au jet dans le jardin tout en brossant avec une solution d'eau de Javel® diluée. Le rinçage est abondant et il faut plusieurs jours de séchage au soleil, avant l'introduction dans la volière.
Il existe aussi de nombreux jouets dans le commerce : certains en corde, d'autres en bois ou avec des pierres minérales, d'autres encore en matière résistante (acrylate ou métal).
Les articles très durs en acrylate ne seront pas détruits, mais ils ne procureront pas le même plaisir à l'animal. Préférez donc des jouets peut-être moins durables, sachant aussi que la Calopsitte n'est pas un bec crochu très destructeur !
D'autres accessoires font parfois la joie des oiseaux : les miroirs, les clochettes ou les échelles (bois ou/et corde).

Il est indispensable d´occuper les oiseaux avec des jouets ...

... ou des branchages

L'alimentation

Généralités

Une bonne nourriture est la meilleure solution pour éviter les problèmes. Très souvent, les ennuis ou même les décès subis par l'amateur avec ses oiseaux ont pour origine un souci alimentaire, se traduisant par des carences ou des excès. Là aussi, des conclusions hâtives émanant soit d'animaliers incompétents, soit de vétérinaires peu scrupuleux rejettent la responsabilité sur l'origine des animaux, d'où qu'ils viennent : c'est un peu facile, mais cela ne rend pas service au possesseur et encore moins aux animaux, ce qui est encore plus grave !

Une bonne alimentation est essentielle, pour toutes les espèces animales, mais elle l'est peut-être davantage encore pour un oiseau. Celui-ci a une singularité dans le règne animal : il vole (en règle générale, bien sûr). Or, cette fonction demande une énergie fabuleuse, qui doit trouver sa source dans la nourriture. Cela veut déjà dire qu'un oiseau doit manger plus qu'un mammifère, par exemple, à poids équivalent. Mais, pour voler, il faut aussi être léger. La structure des os est donc particulière, mais la digestion doit aussi être rapide, afin que le poids ingurgité ne soit pas un frein. Le système digestif, très différent du nôtre, est conçu pour réussir ce tour de force.

Système digestif de la Calopsitte (d'après J. et M. Viguié)

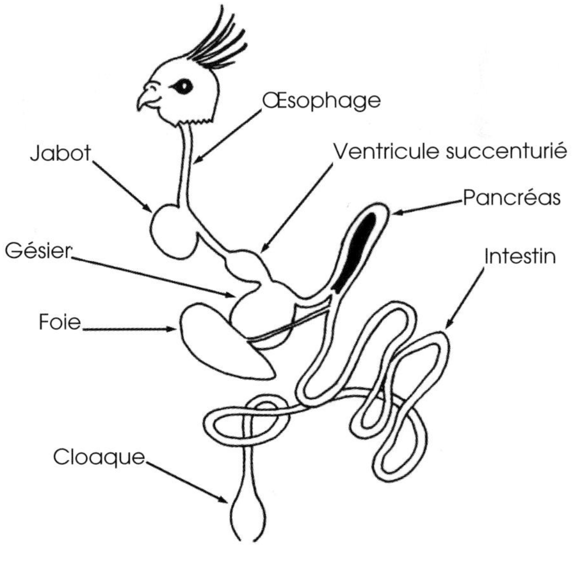

À BOIRE

Pour fonctionner correctement, cette « machine » a aussi besoin d'eau. Celle-ci doit être propre et potable. L'eau du robinet convient en général, sauf dans les endroits où ses teneurs en nitrates, en pesticides résiduels ou en dérivés chlorés de traitement sont trop fortes. Dans ces cas-là, l'eau en bouteille sera préférée. La Calopsitte possède la réputation de ne boire que peu, parfois même pas du tout. C'est une grossière erreur : elle tire une partie de son eau des aliments frais (fruits, légumes, herbes), mais se rend aussi aux abreuvoirs. Ceci d'autant plus que son alimentation est sèche, donc composée essentiellement de graines. En fait, elle va boire surtout le matin tôt et le soir à la tombée de la nuit, ceci étant certainement en relation avec ses mœurs à l'état naturel. Donc, on la voit peu se rendre à l'abreuvoir, ce qui contribue à sa réputation. Néanmoins, il est vrai que, par rapport aux petits granivores, l'absorption d'eau est bien moins fréquente.

Les aliments avalés parviennent par l'œsophage jusqu'à une première poche : le jabot. Là, ils sont stockés et mélangés. Ensuite, ils passent par le ventricule succenturié, où ils subissent l'apport des sucs gastriques, avant d'arriver au gésier. Cet organe, très musclé chez les granivores, est chargé du broyage des graines, avec l'aide des petits graviers avalés par l'oiseau. Les oiseaux possédant un régime alimentaire plus « mou » (fruits, insectes), ont un gésier nettement moins musclé, car la fonction de broyeur est bien plus réduite. Les aliments ainsi écrasés sont directement envoyés à l'intestin, en charge de récupérer les nutriments dont l'organisme a besoin pour fonctionner. Ce dernier est donc une pièce maîtresse du système digestif et il est relativement fragile.

Rappels des équilibres nutritionnels

Pour fonctionner correctement, un corps nécessite un large éventail de substances, dans des proportions définies. Cela est valable aussi bien pour un humain que pour une perruche Calopsitte. Les proportions de chacune de ces substances ne sont, naturellement, pas identiques pour l'un et l'autre. Pour compliquer encore un peu les choses, elles ne sont pas non plus régulières tout au long de l'année et varient aussi selon l'environnement et les dépenses physiques. Concrètement, un oiseau qui vit en volière n'a pas la même dépense d'énergie qu'un

Un oiseau bien nourri est un oiseau en bonne santé

La Calopsitte fait souvent preuve de curiosité alimentaire

autre confiné en cage. De même, le froid hivernal, la mue ou l'élevage des jeunes sont autant de paramètres qui modifient les besoins fondamentaux.

Dans l'éventail des substances nécessaires à la vie, voici les principales :
– les protéines, ou acides aminés, sont les petites pièces qui servent à fabriquer et à réparer les cellules et les organes du corps ;
– les lipides (ou graisses) servent de combustible et de réserves à l'usine corporelle ;
– les glucides, ou sucres, ou hydrates de carbone sont eux aussi des sources d'énergie, notamment rapide, utiles à l'activité musculaire ;
– les vitamines, utilisées en très faibles quantités, sont néanmoins indispensables. Schématiquement, nous pourrions les assimiler à des catalyseurs dans le fonctionnement de la machinerie biochimique, comme ceux utilisés dans nos autos : sans eux, même avec de l'essence dans le réservoir, ça ne marche pas bien !
– les minéraux : ce sont eux qui assurent la constitution et la solidité du squelette, mais aussi qui interviennent dans le métabolisme général ;
– les oligo-éléments : ce sont aussi des minéraux ou bien d'autres éléments chimiques, qui sont présents dans le corps à des doses très faibles. Néanmoins, leur rôle est déterminant dans le fonctionnement des organes.

L'alimentation doit procurer tous ces éléments, en quantités suffisantes, mais pas excessives. Il faudrait un ouvrage entier pour en faire la liste globale et les sources possibles d'approvisionnement de l'organisme. Voyons simplement ici les principales d'entre eux.

Les protéines

Les protéines sont indispensables au développement de tout être vivant. Ce sont des molécules complexes, constituées de carbone, d'hydrogène, d'oxygène, d'azote et parfois aussi de soufre. Lorsque l'organisme les assimile, il fractionne ces grosses molécules en petits morceaux appelés acides aminés. Ceux-ci vont être alors utilisés par les cellules pour donner de nouvelles protéines, propres à chaque organisme, selon des séquences de construction bien précises. On pense bien évidemment, en particulier, aux célèbres acides nucléiques (ADN et ARN), mis sur le devant de la scène scientifique au cours des trente dernières années. Ces protéines vont permettre la fabrication des tissus et des organes. On comprend donc aisément leur importance lors de la phase de croissance et de formation des organes, pour l'embryon et le jeune sujet. Mais leur rôle ne s'arrête pas là : le corps adulte en a lui aussi besoin en permanence, pour réparer, renouveler ou développer ses tissus et ses cellules.

Voici quelques acides aminés nécessaires, parmi la vingtaine répertoriée :
– l'alanine et la leucine, présentes dans presque toutes les protéines ;
– l'arginine, combinée à l'acide phosphorique, participe à l'activité musculaire. Elle est présente aussi dans les plumes ;
– la cystéine et son dérivé, la cystine, interviennent dans les liaisons protéiques et dans le développement du plumage ;

– le glycocolle, le plus simple des amino-acides, indispensable au métabolisme cellulaire ;
– la lysine joue un rôle très important dans la croissance ;
– l'histidine très présente dans l'hémoglobine ;
– la méthionine, indispensable au fonctionnement du foie et à l'origine d'autres acides aminés, dont la cystéine ;
– le tryptophane, précurseur d'autres substances utiles à l'organisme, comme la sérotonine, très importante dans la régulation des influx nerveux ;
– la tyrosine, présente dans la glande thyroïde et qui est impliquée dans la synthèse des mélanines (pigments colorés).

PROTÉINES ANIMALES OU VÉGÉTALES
Les protéines sont donc toujours d'origine vivante, animale ou végétale. La première source est en général supérieure à la seconde dans l'esprit de tout le monde, mais ce n'est pas une loi absolue. Ainsi, certaines plantes présentent des taux de protéines élevés. C'est le cas du soja ou de la luzerne, mais aussi des graines de chènevis, de tournesol, de lin ou de niger.

Pour un oiseau en bonne santé : attention aux excès, notamment de lipides

Pour nos oiseaux, outre les graines et surtout les aliments frais, on trouve les protéines en quantité, en particulier dans les pâtées pour perruches, les œufs durs, les nectars commerciaux, les insectes vivants et le lait. Dans la phase d'élevage, un taux de 16 à 20 % est généralement requis, ce qui correspond d'ailleurs aux teneurs moyennes des pâtées. Celles-ci existent sous forme grasse, prête à l'emploi, ou bien sous forme sèche. Cette dernière formulation nécessite une humidification, avec de l'eau ou un jus de fruit. En cas de refus par les animaux, il est toujours possible de les mélanger avec d'autres aliments : graines, fruits ou légumes. Le pain trempé dans du lait est souvent utilisé par les éleveurs à la période de reproduction. Même si cela fait un peu « vieux remède », de nos jours, il s'agit d'une solution simple et économique. Il faut néanmoins faire attention aux troubles digestifs (diarrhées), si les oiseaux n'y sont pas habitués.

L'œuf dur est utile, mais ne doit pas être utilisé avec excès, pour des raisons évidentes : nous savons bien ce qu'est le résultat chez l'homme, en cas de surconsommation. Quant au nectar, c'est un produit onéreux, à dissoudre dans l'eau de boisson. Ce n'est sans doute pas une solution idéale pour des Calopsittes.

Les besoins en protéines sont estimés entre 4 et 12 % du poids total de nourriture ingurgitée, pour une Calopsitte adulte. Lors de la reproduction, cette valeur est majorée à 10-12 % et, en phase de croissance, à 16-20 %, comme cela a déjà été indiqué plus haut.

Les lipides

Les corps gras sont utiles à l'organisme : ils servent de réserve calorique et, dans une bien moindre mesure, énergétique. Toute-

fois, ceux qui ne sont pas brûlés par l'organisme, notamment pour maintenir la température du corps, s'accumulent. Un excès de lipides entraîne donc des problèmes d'obésité, des ennuis cardio-vasculaires ou un disfonctionnement du foie. Les besoins de l'oiseau dépendront énormément de son activité et de la température ambiante. Un oiseau en cage ne fait que peu d'exercice, ses dépenses énergétiques sont faibles. En revanche, en volière et d'autant plus si celle-ci est spacieuse, la demande de l'organisme est plus élevée. De la même façon, un animal conservé à la maison, avec une température ambiante plutôt constante toute l'année, demandera moins de réserves caloriques pour maintenir sa température corporelle, en comparaison avec un sujet passant l'hiver en extérieur.
Les lipides sont présents dans de nombreuses graines et dans les pâtées, parfois en grandes quantités.
Voici quelques exemples de teneurs, parmi les graines grasses :
- chènevis : 28 – 30 % ;
- niger : environ 40 % ;
- tournesol : de 30 à 50 %, suivant la variété ;
- lin : 29 – 33 %.

Il conviendra donc de se méfier de la présence de ces graines dans les mélanges.

Les glucides

Les sucres sont également des sources d'énergie, notamment utiles à la dépense musculaire. Ils interviennent en revanche peu dans l'entretien de la température du corps. On considère donc souvent qu'ils sont moins énergétiques que les lipides, ce qui n'est pas totalement exact : ils servent à autre chose.
Les glucides, composés assez simples formés de carbone, d'hydrogène et d'oxygène, sont présents dans les aliments, soit sous forme de molécules « libres », soit sous forme de molécules plus grandes que l'on nomme amidon. Les sucres libres, directement assimilables par l'organisme, se rencontrent surtout dans les aliments frais (fruits et légumes) et le miel. Les principaux sont : le glucose et le fructose. L'amidon est en revanche présent en plus ou moins grandes quantités dans les graines. L'usine biochimique du corps découpe la grosse molécule d'amidon en petits tronçons, lesquels sont des sucres libres (glucose surtout).
Un peu à la manière de la biosynthèse des protéines par l'organisme, les sucres élémentaires obtenus des sources alimentaires vont ensuite être associés pour donner des chaînes plus longues : le glycogène. C'est en fait cette substance qui sera le combustible musculaire, appelé parfois combustible rapide, car disponible immédiatement. Les quantités non utilisées par l'organisme sont stockées sous forme de graisses, que l'on peut traiter de combustibles lents.

Voici quelques exemples de teneurs en glucides, pour des aliments qualifiés d'énergétiques :
- alpiste : 49-50 % ;
- gruau d'avoine : 68 % ;
- millet blanc : environ 70 %.

Les teneurs en sucres des fruits et légumes, exprimées de la même manière, en pourcentages pondéraux, sembleraient beaucoup plus faibles. Ainsi, par exemple, la carotte n'affiche qu'un taux avoisinant les 9 %. Mais il faut avoir en mémoire qu'un aliment frais est surtout composé d'eau, à 80 ou 90 %, tandis qu'une graine sèche n'en contient que 10 %. Pour établir une véritable comparaison, il faudrait ramener la valeur en glucides des aliments frais à un poids de matière sèche hydraté à 10 %. Ainsi, si l'on reprend l'exemple de la carotte, les 9 % de tout à l'heure donneraient un chiffre de l'ordre de 65-70 %.

Les oiseaux, notamment en raison de leur faculté à voler, montrent de gros besoins en glucides. Mais, là aussi, les besoins varient suivant l'activité. Un animal en cage aura une dépense énergétique plus faible qu'un autre maintenu en volière. Il faudra se méfier des excès éventuels, qui auraient des conséquences identiques à celles énumérées au chapitre précédent sur les lipides. L'excès en glucides est néanmoins un peu moins grave, dans la mesure où il s'agit d'un combustible rapide, donc utilisable plus vite. Hélas, il est bien rare qu'un excès de glucides ne soit pas accompagné d'un excès de lipides, ce qui multiplie les facteurs de risques.
Nous avons vu que les sucres constituaient la source d'énergie rapide. De plus, il est important de noter qu'ils sont facilement assimilés par l'organisme. Donc, dans le cas d'un oiseau malade, affaibli ou stressé, le

RÉGIME ALLÉGÉ EN ÉTÉ
Un oiseau ne mange en général que la quantité de nourriture nécessaire à sa dépense énergétique. Or, si la composition d'un mélange de graines est déséquilibrée et que le rapport glucides/lipides n'est pas bon et trop en faveur des seconds, il va absorber des graisses en excès. Ceci explique en partie aussi pourquoi un oiseau mange moins en été, quand il fait chaud et que la dépense énergétique est moindre.

premier réflexe doit être d'orienter les repas en direction d'aliments riches en glucides. C'est en outre la raison pour laquelle les nectars, normalement réservés à des espèces bien particulières, sont souvent utilisés par les éleveurs pour « requinquer » un sujet en mauvaise posture.

Les vitamines

Les vitamines sont des substances chimiques très variées, présentes souvent en petites quantités, mais indispensables à cause du rôle de catalyseurs ou de régulateurs des mécanismes chimiques qu'elles jouent dans l'organisme. Le dosage de ces produits est extrêmement complexe, ne serait-ce que par le nombre de molécules nécessaires. Un manque de telle ou telle vitamine se traduit par un dysfonctionnement d'un organe ou une faiblesse générale mais, *a contrario*, un excès est quelquefois tout aussi néfaste. Les quantités utiles de chacune des vitamines dépendent de l'espèce animale concernée et, à dire vrai, les données scientifiques fiables manquent cruellement. Il est donc préférable d'en faire un peu trop que pas assez. En effet, si des quantités trop importantes peuvent générer des troubles, dans quelques cas précis (vitamines A et D principalement), elles n'ont souvent pas de conséquences négatives notables, si la surdose est raisonnable.

Il est de coutume de classer les vitamines en deux groupes : les liposolubles, capables de se dissoudre dans les corps gras et les hydrosolubles, solubles dans l'eau. Passons en revue les principales d'entre elles et leurs rôles respectifs.

Les vitamines liposolubles

• La vitamine A : appelée aussi béta-carotène ou rétinol, c'est la vitamine régissant la croissance. Elle se trouve à l'état naturel chez les animaux et chez les végétaux. Pour ces derniers, il ne s'agit pas exactement de vitamine A, mais de carotènes, lesquels sont, de façon simplifiée, transformés par l'organisme de l'animal en vitamine A. Les sources principales sont le lait, le jaune d'œuf, l'huile de foie de morue, la verdure, les carottes et, naturellement, les prépara-

L'oiseau doit pouvoir accéder facilement à la nourriture, surtout dans un environnement nouveau

tions commerciales. La carence en vitamine A se ressent surtout lors de la reproduction, mais joue aussi un grand rôle dans les défenses naturelles de l'organisme. Un manque peut empêcher l'éclosion ou donner des embryons chétifs, et ensuite empêcher le développement correct de l'oisillon. Sur un sujet plus âgé, les symptômes sont moins évidents : les couleurs du plumage s'avèrent ternes, l'œil peut présenter des écoulements. Mais cela se remarque surtout par de moins bonnes défenses immunitaires. Un excès de vitamine A est tout aussi néfaste et peut se traduire par des lésions oculaires, allant jusqu'à la cécité.

• Les vitamines du groupe D : elles permettent en particulier la fixation du calcium (D_3), contribuent au bon état de la peau et sont réputées antirachitiques. Leur action est en partie régie par l'exposition au soleil et aux rayonnements UV. On les trouve dans le lait, l'huile de foie de morue, les œufs et, naturellement, dans les préparations commerciales. L'absence de vitamines D empêche la fixation du calcium et donne des os mous, incapables de supporter les efforts physiques. *A contrario*, l'excès peut entraîner un phénomène de calcification des vaisseaux sanguins et perturber la circulation sanguine.

• La vitamine E : son nom exact est l'alphatocoférol et elle intervient surtout au niveau de la reproduction et du développement. Elle se rencontre dans les végétaux, les graines germées, le lait, le pollen, mais aussi dans les formules issues des laboratoires. Sa conservation est délicate, notamment à partir de graines germées, qu'il convient d'utiliser très rapidement. Une carence se traduit par des problèmes d'œufs clairs ou de stérilité (oiseaux mâles en particulier).

• La vitamine F : l'acide linoléique, de son petit nom, joue un rôle essentiel dans la formation des tissus nerveux. Il s'agit d'un acide gras, que l'on trouve dans le lait, les graines oléagineuses et certaines plantes (luzerne par exemple). Le manque de vitamine F cause des problèmes de croissance, de reproduction et perturbe la mue des oiseaux.

• Les vitamines du groupe K : plusieurs composés chimiques sont regroupés sous cette dénomination. Tous ont une fonction importante sur la coagulation du sang. Ils sont présents dans la verdure et les fruits ou dans l'huile de foie de morue et l'animal est normalement capable de les fabriquer, au niveau des intestins. La carence est donc rare, sauf chez certains oiseaux possédant des problèmes intestinaux, en particulier à la suite d'un traitement antibiotique.

Il n'est pas utile de remplir les mangeoires chaque jour

Les vitamines hydrosolubles

• Les vitamines du groupe B : le plus grand groupe de vitamines, avec de nombreuses molécules essentielles. Les principales sont :
– la vitamine B_1 ou thiamine, qui possède une fonction de régulation nerveuse et intervient dans la métabolisation des sucres. Elle

se trouve en abondance dans les graines de céréales, mais aussi dans les fruits. Un manque provoque des accidents neuromusculaires (paralysies, port de tête anormal, vol perturbé) ;

– la vitamine B_2, ou riboflavine, est indispensable durant la croissance et pour le fonctionnement des tissus ou le transport des gaz dans le sang. Elle existe dans beaucoup de graines, la levure, mais aussi dans le lait, l'huile de foie de morue ou le jaune d'œuf. Une insuffisance entraîne des problèmes nerveux (paralysie), des ennuis d'éclosion ou une mortalité des embryons ;

– la vitamine B_3 est encore appelée nicotinamide (rien à voir avec la fumée de cigarette !) ou vitamine PP. Elle se trouve dans les écorces de graines (céréales en particulier) et dans le poisson. Une carence ralentit la croissance et cause des défectuosités de plumage ;

– la vitamine B_5, ou acide pantothénique, participe au processus de maintien de la température corporelle et joue donc un rôle dans l'assimilation des lipides, mais aussi des protéines et des sucres. Elle est également nécessaire à la formation d'acétylcholine, molécule responsable du relâchement des muscles. La verdure et les céréales (blé, avoine) en constituent la source principale. Un déficit se remarque par la formation de croûtes sur les pattes et le bec ;

– la vitamine B_6, répondant au nom de pyridoxine, est très présente dans les graines, les fruits ou la verdure et intervient dans le métabolisme des protéines et des lipides. Compte tenu des nombreuses origines, un manque est rare chez l'oiseau. Si, toutefois, cela survient, on constate une baisse de fécondité, un plumage médiocre et un comportement anarchique ;

– la vitamine B_{12} ou cyano-cobalamine intervient fortement dans la production des globules rouges et sur la mue. Son absence provoque des anémies et des plumages anormaux. Elle est essentiellement d'origine animale (œufs, poisson), mais on la trouve aussi dans la levure ;

– l'acide folique : encore une vitamine qui intervient lors de la croissance et la fabrication des protéines. Présente dans les légumes, la verdure ou l'huile de foie, le manque gêne le développement des jeunes ou peut entraîner la mort des embryons.

Il semble aussi, d'après J. et M. Viguié, que la carence ralentisse la coloration des plumes sombres ;

– la biotine, parfois appelée aussi vitamine H, est d'origine animale. Elle possède une fonction antianémique et une insuffisance cause des malformations et des soucis d'éclosion. Il faut noter que le blanc d'œuf cru contient un élément qui neutralise son action. Des apports excessifs d'œufs peuvent donc appeler une carence en biotine. On la trouve dans les pâtées et la levure.

• La vitamine C : acide ascorbique de son nom scientifique, cette vitamine est un tonique général bien connu. En règle générale, les besoins sont satisfaits par l'organisme lui-même, apte à la produire, ou par l'utilisation de fruits et d'aliments frais. Un apport complémentaire peut être le bienvenu pour un animal affaibli, malade, stressé ou à l'issue d'un traitement. Un niveau insuffisant rendra la résistance aux infections moins bonne.

À côté des vitamines, il existe une molécule, la choline, dont le rôle est éminent. Sa teneur dans l'organisme est d'ailleurs bien supérieure à celle des vitamines. Elle participe activement à l'utilisation des lipides par l'organisme et à l'activité musculaire. Donc, plus le régime alimentaire est gras, plus sa fonction est essentielle, pour éviter en particulier les problèmes d'obésité. Elle a également une autre activité, au niveau du foie, pour le stockage de la vitamine A. Des carences conduisent à des symptômes voisins de ceux dus à un manque en vitamine A.

EN CONCLUSION
Les vitamines sont donc des composés chimiques d'une extrême importance pour l'organisme des oiseaux. Leur nombre et leur diversité, de même que la multiplicité des sources d'approvisionnement, impliquent une nourriture équilibrée et variée avec, en particulier, des apports de produits frais.

Les minéraux

Nous avons choisi de distinguer les substances minérales présentes en quantités importantes dans l'organisme des autres éléments, apparaissant en traces, qui seront classés dans les oligo-éléments. Parmi les

Le millet en grappes : une friandise appréciée

premiers, nous détaillerons le calcium, le phosphore, le magnésium et le sodium.

Le calcium et le phosphore

Ces deux-là représentent les éléments essentiels constituant les os. Le calcium est également utile à la régulation acido-basique de l'organisme et la femelle en reproduction en a besoin pour fabriquer la coquille des œufs. Le phosphore intervient quant à lui dans l'équilibre du système nerveux, mais aussi dans de très nombreuses réactions biochimiques des cellules, notamment dans l'activité musculaire et la métabolisation des graisses.
Le rapport phosphocalcique Ca/P, pour un oiseau en bonne santé, doit être situé entre 1,5 et 2, selon les auteurs. La vitamine D régule ce rapport et sa consommation par l'organisme est d'autant plus grande que le rapport précédent s'éloigne de la valeur idéale. Un manque en l'un des deux composants ou un déséquilibre important de leurs quantités respectives amène un affaiblissement du squelette et donc des formes de rachitisme. Les carences en phosphore sont plus fréquentes chez les oiseaux que celles en calcium.
Les sources de calcium sont en effet très variées et faciles d'accès. Les aliments de base (graines, végétaux) et l'eau de boisson en apportent une partie, mais elle est insuffisante, surtout si l'eau de la région possède une faible dureté. Un complément doit être donné, sous forme de gravier « marin », enrichi en coquilles broyées, sous forme d'os de seiche, ou bien encore sous forme de bloc minéral à grignoter.
Les sources de phosphore sont moins conséquentes. Certes, les graines et certains végétaux (laitue, chou, carotte, pissenlit), le lait, le pain et les œufs en contiennent, mais il semble que l'organisme des oiseaux ne sache pas toujours très bien en tirer partie. Il est donc important de leur en apporter sous une autre forme. La plus commune se présente sous la forme de biscuits, dits phosphatés.

Le magnésium

Cet élément entre aussi dans la composition du squelette. Il intervient également dans différents équilibres cellulaires et dans la constitution de la coquille des œufs. Mais sa teneur reste inférieure au calcium. Les sources d'approvisionnement sont nombreuses : aliments frais, eau de boisson (peu en général), blocs minéraux... Les carences sont donc extrêmement rares.

Le sodium

Souvent combiné aux ions chlorures pour donner du sel, le sodium est présent dans tout le corps. N'oublions pas qu'un être vivant, nous compris, est composé à plus de 80 % d'eau. Or, cette eau présente une teneur moyenne de 7,5 g de chlorure de sodium par litre. Cette salinité intervient dans les échanges intercellulaires et régule les pressions osmotiques et l'acidité. Or, lorsque l'oiseau urine, il évacue un peu de sodium à chaque fois. Il est normal de compenser cette élimination par une absorption équivalente. Les graines et les végétaux ont une faible concentration en sel, il est donc impératif de proposer d'autres sources à l'animal : bloc de sel, os de seiche, gravier marin, biscuits, croquettes extrudées, etc.

Le potassium

Cet élément est également présent dans le liquide corporel et intervient notamment dans les réactions permettant la relâche de l'activité musculaire, mais aussi dans le transport de l'oxygène par le sang. Il est rare qu'un oiseau présente des carences en potassium, car il est très présent dans l'immense majorité des végétaux (pissenlit, chicorée, laitue...) et dans le tournesol.

Les oligo-éléments

Les oligo-éléments, en très petites quantités, sont, eux aussi, tout à fait indispensables. La liste est très longue et il n'entre pas dans nos objectifs d'établir un manuel de nutrition. Aussi n'aborderons-nous que les principaux.

Le fer

Le fer est l'un des constituants de l'hémoglobine. À ce titre, on le considère comme antianémique. Il intervient aussi dans la pigmentation, donc participe à une belle coloration du plumage.
Les végétaux sont riches en fer (qui possède une fonction dans la synthèse chlorophyllienne), mais aussi les œufs, le pollen et suffisent aux besoins de l'oiseau.

Le cuivre

Lui aussi est apparenté aux antianémiques et possède des fonctions dans la fabrication de la coquille des œufs et, selon Arnall et Keymer, dans la synthèse de pigments sombres. Ses teneurs sont en revanche beaucoup plus faibles que pour le fer et des carences sont exceptionnelles. Les sources de cuivre sont surtout le tournesol et le pollen.

Le manganèse

Le manganèse est l'oligo-élément le plus abondant. Son action est combinée avec celle de la choline, dans l'assimilation des graisses. Des carences se traduisent par des malformations des jeunes, avec des problèmes d'éclosion. Un excès de calcium accroît les risques. Lorsqu'on donne un supplément calcique aux oiseaux, il est bon d'apporter en même temps du manganèse. Les bonnes préparations commerciales en contiennent.

Le zinc

Cet élément participe à la biosynthèse d'enzymes, au sein de l'organisme. Il est très utile, même si les besoins quantitatifs sont faibles. Son absence conduit à des malformations chez les jeunes.

Le cobalt

Présent surtout dans les plumes, le cobalt serait aussi un précurseur de la vitamine B_{12}. Les doses nécessaires sont infinitésimales.

L'iode

Cet halogène est nécessaire au bon fonctionnement de la thyroïde, mais aussi pour

EN CONCLUSION
Ce long paragraphe sur les besoins alimentaires des oiseaux montre clairement l'importance d'une nourriture saine, variée et équilibrée. Beaucoup de problèmes rencontrés en élevage proviennent de rations alimentaires mal préparées ou mal dosées, dans un sens ou dans l'autre et sont malheureusement affectés à d'autres raisons : maladies, origine des animaux, etc. La perruche Calopsitte est un oiseau résistant et peu exigeant, mais cela ne signifie pas qu'il va se contenter d'une maintenance « a minima ». Certaines règles sont incontournables : l'hygiène et l'alimentation en font partie !

la production d'œufs, en relation avec le manganèse. Les becs crochus, et donc notre Calopsitte, sont les oiseaux les plus sensibles à son manque, lequel se traduit par un gonflement du cou. L'os de seiche, les blocs minéraux réservés aux Psittaciformes et les solutions vitaminées spécifiques du commerce apportent les quantités nécessaires.

Le soufre

Celui-ci est présent dans certains acides aminés (méthionine, cystine) et se trouve dans les tissus cornés (bec, ongles). Les œufs sont une source importante de soufre.

Les différents aliments

Les graines

Parmi toutes les graines disponibles dans le commerce animalier, une partie seulement présente un intérêt pour la Calopsitte. Chacune d'entre elles possède, naturellement, des avantages et des inconvénients. Il est donc nécessaire d'en associer plusieurs pour obtenir un menu de base équilibré. Des mélanges prêts à l'emploi sont aussi très répandus. Leur qualité est variable que ce soit sur le volet de la composition ou sur celui de la qualité intrinsèque des graines. De plus, ils sont souvent labellisés « mélanges pour grandes perruches » et vendus indifféremment pour tous les oiseaux rangés dans cette catégorie, depuis les Inséparables en passant pas les Conures, les Euphèmes, les Platycerques... jusqu'à notre Calopsitte. Or, tous ces oiseaux, de par leur origine, simplement, n'ont pas tous les mêmes demandes et les mêmes besoins. Enfin, suivant l'activité des oiseaux ou la saison, le mélange devrait être différent, y compris au sein d'une espèce donnée. Il faut donc se montrer sceptique et bien étudier la composition de ces mélanges avant l'achat, pour vérifier qu'il est adapté à tel ou tel usage.

Comment reconnaît-on une graine de qualité ? Elle doit avoir un aspect lisse, voire un peu brillant. Elle est exempte de poussières et d'écorces ; cela se voit aisément : il suffit de retourner le sac et d'en observer le fond, s'il est transparent. La graine doit être lourde, bien pleine. Un examen minutieux ne doit pas révéler de petits trous, ou encore pire de fils collants, de larves ou de bestioles. Tous ces symptômes amènent à penser que des parasites ont envahi les sacs, avec tous les risques sanitaires à la clef. Enfin, une bonne graine est une graine fraîche, qui a été récoltée au cours de la dernière campagne et non pas quatre ou cinq ans auparavant. Ce dernier point n'est pas aisément vérifiable à l'œil. Pour se faire une idée de la fraîcheur, il est nécessaire d'effectuer un test de germination. La méthode de germination sera exposée dans les chapitres suivants. Pour évaluer la qualité des graines, il faut estimer le pourcentage de celles qui ont réellement germé. En dessous de 90 %, ce n'est pas un produit qui doit être considéré comme intéressant. Plus ce pourcentage augmente, meilleure est la qualité.

Les graines sont conventionnellement classées en deux catégories : les oléagineuses, qui ont des taux de lipides et de protéines élevés, et les farineuses, qui sont plutôt riches en glucides. Il va donc falloir jongler avec ces deux catégories pour constituer un mélange correct. Regardons maintenant, individuellement, les graines qui peuvent être proposées à nos Calopsittes et leurs avantages.

***L'alpiste* (Phalaris canariensis)**

Rangée dans la catégorie des farineuses, cette petite graine allongée, pointue et jaune est considérée comme une « bonne » graine. Elle est en effet digeste et son taux

Graines d'alpiste

protéinique avoisine 14 à 17 %, ce qui semble une valeur adéquate pour de nombreux oiseaux, y compris notre Calopsitte. Par ailleurs, elle est peu grasse (5-6 % de lipides) et contient près de 50 % de glucides, ce qui en fait un bon apport énergétique. Elle est riche en tryptophane, mais pauvre en cystine et en lysine. Dernier point à ne pas négliger : elle est assez chère. Les fabricants vont donc souvent se montrer avares dans le pourcentage inclus au sein des mélanges.

Le millet **(Milo sp.)**

On devrait parler au pluriel, tant il en existe de variétés : millet blanc, roux, plata, japonais. L'appellation millade est également employée. Il s'agit en fait d'un mélange des plus petites variétés. Ces graines sont toutes des farineuses et présentent une morphologie identique de petites billes, avec des couleurs variées, du blanc au grisâtre, en passant par le brun rouge.
Évidemment, suivant l'espèce, la composition n'est pas identique. On peut toutefois estimer celle-ci, en moyenne : protéines, 10 à 14 % ; lipides, environ 4 % ; glucides, 60 à 70 %; minéraux, près de 4 %. C'est donc une graine pauvre, mais énergétique et riche en acides aminés, en particulier : méthionine, cystine et tyrosine.

Millet blanc

Millet japonais

Le gruau d'avoine **(Avena sp.)**

Nous avons là une céréale, l'avoine, dont l'écorce dure et piquante a été éliminée. Il ne reste qu'une amande allongée et il s'agit encore d'une graine farineuse, avec un taux de glucides particulièrement haut, compris entre 60 et 70 %. C'est donc un produit très énergétique. La quantité de protéines est de seulement 10 à 12 % et elle se montre pauvre en graisses (5 à 8 %). Par ailleurs, elle renferme de la lysine, de l'arginine et de la cystine et des minéraux, zinc et cuivre en particulier. C'est donc une « bonne » graine, mais dont les carences doivent être compensées.

Graines de gruau

Le tournesol **(Helianthus sp)**

Il s'agit cette fois d'une oléagineuse, dont le taux de lipides varie de 30 à plus de 50 %. Tout dépend de la nature du produit : un tournesol noir est plus gras qu'un tournesol strié, lui-même plus gras qu'une graine blanche. Son excès de lipides en rend l'usage souvent compliqué, malgré un taux de protéines intéressant, voisin de 25 %. La graine contient aussi des vitamines (B1, B2, B6), des acides aminés ainsi que des minéraux (manganèse, phosphore) en quantités non négligeables. Pour un animal sédentaire, vivant à la maison, le taux de graisses rend, hélas, son usage quasiment impossible, hormis sous forme de rares friandises.

Graines de tournesol

Le cardy

Cette graine ressemble à un petit tournesol blanc. Elle se montre nettement moins grasse que ce dernier, avec un taux de lipides d'environ 28 %. Les glucides représentent 16 % environ et les protéines avoisinent 14 %. De plus, les teneurs en acides aminés essentiels et en minéraux y sont correctes. Hélas, cette graine possède un goût puissant qui n'est pas forcément bien accepté par les oiseaux.

Le chènevis **(Cannabis sativa)**

Encore une oléagineuse, de couleur marron-gris brillant, de forme arrondie, qui a la réputation d'être un excitant, mais aussi de faciliter la repousse des plumes, lors de la mue. Son taux de lipides avoisine 30 %, alors que les protéines comptent environ pour 20 % et les glucides pour 20 % également. Les minéraux sont très présents (5 % du poids) et les différents acides aminés (hormis la lysine) aussi. Utilisée en complément, cette graine est très utile, durant les périodes de froid ou pendant la mue.

Graines de chènevis

Le niger **(Guizotia abyssinica)**

Une graine oléagineuse noire et allongée, dont les propriétés, l'influence sur la pigmentation des plumes et le rôle tonifiant sont à peu près semblables à ceux décrits pour le chènevis. Les lipides représentent environ 40 %, les glucides 15 % et les protéines 20 %.

Graines de niger

Le lin **(Linum usitatissimum)**

La graine de lin, de couleur roussâtre, en forme de ballon de rugby est riche en lipides. Ceux-ci avoisinent les 35 %, alors que les glucides comptent pour 22 % et les protéines pour à peu près autant. Cette graine possède des vertus laxatives qui empêchent la constipation. Riche en vitamine F, elle est aussi utile durant la mue.

Graines de lin

Le maïs

Il existe différentes sortes de maïs : certains sont cultivés pour produire de l'huile et sont appelés « waxy maïs ». Ils sont impropres à la consommation pour nos Calopsittes. En revanche, d'autres maïs sont plantés et récoltés pour leur haute teneur en glucides. Ce sont ceux-là qui nous intéressent ici. La proportion de sucres est fonction de la variété. En revanche, les lipides ne dépassent pas 5 %. Toutefois, c'est une graine pauvre en protéines (moins de 10 %), avec des carences en acides aminés. Elle ne doit être proposée qu'en petites quantités.

AUTRES GRAINES
Beaucoup d'autres graines peuvent entrer dans la composition d'un mélange destiné aux Calopsittes, dans des proportions assez faibles, en général. Citons, par exemple : le blé, les sorghos, le sarrasin, le colza, la navette, le riz paddy, le soja.

Un bon mélange de graines pour Calopsittes

À partir des éléments réunis jusqu'ici, il va falloir obtenir un mélange cohérent qui réponde aux exigences de notre perruche. C'est à ce niveau que le problème se complique. En effet, il n'existe de « bon » et de « mauvais » mélange que dans l'esprit de chacun. Le bon mélange de M. Pierre ne sera peut-être pas la panacée chez M. Paul. Pourquoi donc ? Simplement parce que l'un d'eux rentre ses oiseaux en hiver et pas l'autre, que l'un d'eux donne en abondance des aliments frais et pas l'autre, que l'un fournit des compléments alimentaires commerciaux et pas l'autre... et ainsi de suite. Par ailleurs, il faut impérativement supprimer l'idée reçue qui veut qu'en cas de déficience d'un composant, dans un mélange de graines, il suffise de rajouter un ingrédient riche en ce composant. Ceci est faux : le mélange entier sera bouleversé, car chaque constituant apporte ses excès et ses carences. Il possède également une appétence pour l'oiseau : il faut donc être sûr que sa consommation sera effective et qu'elle ne se fera pas au détriment d'autre chose.

Alors comment faire pour obtenir une solution viable ? Tout d'abord, il ne faut pas hésiter à varier l'alimentation. Les carences sont souvent liées à l'utilisation répétitive ou massive d'un ou de plusieurs ingrédients. Ensuite, pour répondre à cette question, nous vous rapportons différentes recettes et leurs conditions d'utilisation.

• Recette n° 1 : l'une des plus simples (en apparence, au moins).
(D'après Mmes Cross et Andersen)

Alpiste : 25 %
Millet blanc : 25 %
Millet japonais : 25 %
Gruau d'avoine : 25 %.

Ce mélange est utilisé par les auteurs en Australie. Dans les régions les plus froides, un peu de tournesol est ajouté l'hiver. En revanche, tous les deux jours, les oiseaux reçoivent des graines fraîchement germées : tournesol, blé, avoine, sorgho. À ce régime, d'importants compléments sont apportés : maïs en lait, légumes, verdure, graminées, pain complet, œuf dur, minéraux et vitamines. Comme on le voit, la relative simplicité de ce mélange est contrebalancée par de nombreux apports autres.

• Recette n° 2 : utilisée par de nombreux éleveurs en Europe du Nord essentiellement.

Tournesol : 20 %
Gruau d'avoine : 20 %
Alpiste : 27 %
Millet blanc : 27 %
Chènevis : 6 %

Cette formule est complétée par des fruits frais, des légumes, des minéraux et des vitamines (A en particulier). Il est important de noter qu'elle est utilisée uniquement sur des sujets en volière extérieure. Sur le fond, elle diffère relativement peu de la précédente. Sa teneur en oléagineuses est supérieure en raison du climat plus froid des régions nordiques.

• Recette n° 3 : plus complexe, utilisée en France, sur diverses espèces de grandes perruches. (D'après J. et G. Prin)

Alpiste : 46 %
Millet blanc : 20 %
Millet plata : 20 %
Millet roux : 4 %
Gruau d'avoine : 4 %
Niger : 3 %
Graines de lin : 1 %
Chènevis : 2 %

Nous avons ici une formule bien plus développée, valable, là aussi, pour des oiseaux vivant en volière extérieure toute l'année. On remarque la proportion plus élevée d'alpiste, au détriment, notamment, du gruau d'avoine. Dans l'esprit des concepteurs de cette recette, l'alpiste possède en effet un meilleur équilibre entre les trois composantes : protéines, lipides et glucides. Malgré sa plus grande richesse, le mélange est néanmoins complété par des graines germées durant l'élevage et un peu de tournesol l'hiver. Des apports réguliers d'aliments frais et de minéraux sont proposés.

À travers ces quelques exemples, que l'on pourrait multiplier inutilement, nous voyons bien, malgré des différences, que les bases alimentaires de la Calopsitte sont à peu près les mêmes, selon les divers auteurs. Les trois ingrédients principaux d'un mélange

sont : l'alpiste, les millets (blanc et une autre variété plus petite et plus protéinique), et le gruau d'avoine. Dans le cas d'un oiseau vivant en extérieur, un peu d'oléagineuses est additionné à cette base. En revanche, pour un animal logé à la maison, les graines grasses sont presque bannies, ne servant à la limite que de friandises occasionnelles.
Un mélange de graines est toutefois insuffisant seul : il engendrerait à coup sûr des carences, notamment en vitamine A, bien plus nettes encore en période de reproduction. Il est nécessaire de rajouter des compléments : minéraux, vitamines et aliments frais, que nous détaillerons plus loin.

Les aliments extrudés

De plus en plus, nous voyons arriver sur le marché des aliments « prêts à l'emploi », dits complets, présentés sous formes de granulés ou de croquettes, plus ou moins colorés. Ces produits alimentent une polémique plutôt vive entre les éleveurs. Certains s'y opposent à tout prix, arguant que les résultats de reproduction s'en trouvent fortement amoindris. D'autres prétendent au contraire avoir résolu nombre de problèmes grâce à ces extrudés. Qui croire ? Afin d'être objectif, nous allons examiner les angles positifs et les négatifs, en ignorant volontairement l'aspect élevage. En d'autres termes, nous nous situons uniquement sur le plan de la maintenance des oiseaux.

Les avantages du produit

Ils sont évidents et indéniables : l'animal ne peut plus trier dans la mangeoire et avaler en priorité ce qui lui plaît le mieux. De ce fait, les carences ou les excès sont aisément évités. Par ailleurs, le soigneur n'a plus à calculer la ration quotidienne si, justement, il veut éviter la possibilité du tri. Avec un extrudé, peu importe si l'écuelle est un peu trop pleine. Avec un mélange de graines, il y a fréquemment un gâchis plus ou moins grand : l'oiseau jette ce qu'il ne goûte guère et, *a contrario*, il recherche ce qu'il adore dans la mangeoire, faisant tomber le reste au passage. Ici, la possibilité de gâchis est nettement restreinte : les croquettes sont, en général, homogènes en appétence, même si elles ne le sont pas en formes.

Aliment en « croquettes » spécifique aux Calopsittes

Enfin, et il serait possible d'établir en cela un parallèle avec les aliments pour chiens, il est certainement vrai qu'une nourriture naturelle et variée comporte des bénéfices en terme de santé, de bien-être ou de plaisir. Néanmoins, lorsqu'on regarde en détail comment sont nourris la plupart des animaux chez les particuliers et même chez des éleveurs, on s'aperçoit que, pour des tas de raisons, économiques, de temps, de connaissances, les contraintes liées à une alimentation naturelle ne sont pas respectées : variété, complexité, fraîcheur et équilibre. Le phénomène « mal bouffe » ne touche pas que les humains ! Alors, dans ce cas, il est évident qu'un produit bien étudié et prêt à l'emploi devient hautement préférable...

Les inconvénients du produit

Un tel aliment est normalement conçu de façon équilibrée, mais des écarts peuvent exister entre les marques. De plus, la largeur de gamme n'est pas toujours satisfaisante. Ainsi, comme pour les mélanges de graines commerciaux, nous sommes souvent en présence de produits libellés « grandes perruches ». Or, toutes les espèces regroupées sous ce vocable n'ont pas nécessairement les mêmes besoins. Il convient d'obtenir des précisions, pour savoir si la Calopsitte fait partie ou non des espèces ciblées lors de la conception dudit produit.
Un oiseau qui n'a pas été habitué à consommer des granulés risque fort de n'en pas vouloir. La transition se révèle parfois même très difficile.
L'emballage des produits extrudés précise souvent la composition, au moins dans les grandes lignes. En revanche, il omet de donner des indications sur la possibilité, voire l'utilité de donner des aliments complémentaires, frais en particulier. L'acheteur reste donc devant un flou relatif, pour le moins embêtant.
Enfin, n'oublions pas que l'ennui est un phénomène courant chez les becs crochus, en particulier en cage, même si la Calopsitte n'est certainement pas le cas le plus grave. La recherche et l'épluchage de la nourriture comptent parmi les occupations principales. Avec ce genre de produits, il est bien évident que l'opération est réduite au strict minimum, même si des efforts sont faits pour proposer des formes ou des couleurs de croquettes.

Détail des « croquettes »

EN CONCLUSION
L'extrudé peut se révéler, surtout pour un particulier, une excellente solution, à condition de choisir un produit réellement adapté aux Calopsittes et de bonne facture.

Les graines germées

Pourquoi faire germer des graines ? Il existe trois raisons à cela. Les germes sont riches en enzymes et en vitamines, notamment en vitamine E, favorable à la reproduction. Mais, cela n'est vrai que pour des germes naissants : dès que ceux-ci dépassent un ou deux millimètres, la teneur diminue fortement. Par ailleurs, les graines germées présentent des modifications sur le plan de la composition globale : leur taux de protéine tend à s'élever, au détriment du taux lipidique qui décroît. Enfin, elles sont plus digestes que les mêmes produits secs. Ceci est particulièrement intéressant pour les oisillons, nourris par régurgitation. De ces trois éléments, il est aisé de conclure que l'apport de graines germées présente surtout un intérêt, pour nos Calopsittes, lors de la reproduction.
Quelles graines peut-on faire germer ? La réponse pourrait être : toutes ! Néanmoins, certaines sont plus facilement utilisables que d'autres, notamment du point de vue de la vitesse de germination. Le tournesol, le millet en grappe, le blé et le colza sont les plus rapides (vingt-quatre heures), mais il est possible d'utiliser les millets, l'alpiste ou le chènevis. Les graines de lupin font partie des préférences de certains éleveurs de Calopsittes, en raison d'un fort taux de protéines. Les pois peuvent aussi être utilisés.

Quelle est la méthode ? Elle est fort simple : elle consiste à rincer copieusement les graines, pour éliminer les poussières susceptibles de favoriser des développements bactériens. Ensuite celles-ci sont placées dans un récipient avec couvercle et recouvertes d'eau. Le bain dure vingt-quatre heures, dans une pièce chaude, à l'abri de la lumière. Ensuite les graines sont rincées abondamment puis abandonnées pour une période de vingt-quatre à quarante-huit heures, le temps nécessaire à la sortie des germes, dans un endroit chaud et, si possible, ensoleillé. L'idéal est d'utiliser une boîte dont le couvercle comporte un trou : de cette manière l'atmosphère au-dessus des graines reste humide, mais la circulation d'air est suffisante pour empêcher l'installation des moisissures. Une fois les petits germes apparus, un nouveau rinçage abondant est nécessaire. Les graines peuvent alors être distribuées aux oiseaux.

Quels sont les risques ? Faire tremper des graines, dont l'écorce est souvent riche en bactéries peut conduire au développement de celles-ci et être à l'origine d'infections. Il est donc impératif de bien suivre les opérations de rinçage. Certains auteurs utilisent même une solution très diluée d'eau de Javel® avant de servir les oiseaux. Il faut alors faire couler de l'eau chaude de manière abondante, afin d'éliminer les résidus chlorés, sinon, le remède est pire que la maladie ! À la suite de ce lavage à l'eau chaude, il est conseillé de laisser sécher les graines avant usage.
Une fois distribuées, la durée de vie de ces graines germées dans la cage doit être brève. Si les oiseaux ne les ont pas consommées en deux heures, il faut les éliminer.
Peut-on en préparer d'avance ? Compte tenu de ce qui précède, la réponse est non. Une fois germées, elles peuvent être conservées au réfrigérateur, deux ou trois jours, au maximum.

Un choix d'aliments frais

Les aliments frais

Sous cette appellation, il est habituel de ranger plusieurs catégories d'aliments « naturels » : fruits, légumes, verdure et nourriture d'origine animale. Avant de les détailler, il est possible de noter quelques remarques valables pour tous.

Tout d'abord, les produits doivent être frais : des légumes ou des fruits qui commencent à donner des signes de vieillissement, voire de putréfaction, sont potentiellement dangereux. En été, particulièrement, lorsque la température est élevée, leur durée de vie est brève. Une fois introduits dans la cage ou la volière, il est indispensable de les retirer et de les jeter s'ils n'ont pas été consommés dans un délai d'environ deux heures. Donner des aliments frais demande donc une certaine surveillance.
Pour avoir une valeur nutritive intéressante, ces produits doivent avoir poussé dans de bonnes conditions et non pas dans des productions industrielles, à grands renforts d'engrais chimiques. Il faut donc se méfier des sources d'approvisionnement : un légume ou un fruit qui n'est pas convenable pour l'homme ne l'est certainement pas non plus pour un oiseau !
Les aliments frais doivent être exempts de traitements pesticides ou fongicides. Il faut faire très attention à cela lorsqu'on ramasse des plantes le long des chemins, en bordure des prairies cultivées. Dans tous les cas, il est vigoureusement conseillé de laver tous les produits à l'eau claire. La solution idéale consiste à réserver un coin de son jardin où l'on va cultiver légumes et herbes pour ses perruches.

Les légumes

Parmi les végétaux, les légumes présentent différents avantages : ils sont variés, souvent intéressants sur le plan nutritif et ils

POUR LES INCITER À MANGER « FRAIS »
Les Calopsittes ne sont pas toujours enclines à manger les aliments frais, surtout si elles n'y ont pas été habituées jeunes. Ce n'est pas une raison pour ne pas persévérer, en faisant attention de ne pas causer de désordres intestinaux par un apport massif. En revanche, il est assez facile de définir rapidement ce qu'elles aiment et ce qu'elles apprécient peu ou pas du tout. Cela dépend parfois de chaque individu, mais on remarque souvent qu'à partir du moment où un oiseau a eu le courage de tester et de manger un nouveau produit, les chances pour que ses compagnons de volière y goûtent à leur tour sont bien meilleures. Dans les lignes qui suivent, nous proposons une sélection d'aliments frais susceptibles de les intéresser, mais, compte tenu de ce qui vient d'être dit, ce ne sont que des pistes indicatives.

sont disponibles facilement une bonne partie de l'année.
Les plus utilisés sont :
– la carotte : riche en vitamine (A notamment) et en glucides, c'est un complément bien accepté généralement. Présentée sous forme de cubes ou râpée, elle s'abîme assez lentement à l'air et se conserve bien dans un endroit frais. Elle est en outre idéale pour un oiseau non accoutumé aux aliments frais, car elle ne cause pas de diarrhées ;
– la salade, notamment la laitue, contient du fer et de la vitamine C. Elle est souvent bien acceptée, mais il faut faire très attention à ne pas déclencher de diarrhées sur des oiseaux peu habitués ;
– le maïs doux, sous forme mi-mûre ou laiteuse, donc souple au toucher, est un complément riche en vitamine A et en glucides. Il est très apprécié, la plupart du temps. Il peut être conservé simplement par congélation, ce qui le rend disponible tout au long de l'année ;
– les choux (vert, brocoli, de Bruxelles) ne sont pas forcément bien acceptés, mais ils ont l'avantage de se trouver sur les marchés en hiver ;
– l'épinard : contient de l'acide oxalique qui empêche l'assimilation du calcium. Il faut donc le faire bouillir dans l'eau durant moins d'une demi-minute. Au-delà, il perd une partie de ses vitamines. Il est de notoriété publique que c'est un aliment riche en fer, mais il n'est pas toujours bien accepté par la Calopsitte ;
– les pois frais : riches en sucres et faciles à conserver par congélation, ils sont en général appréciés ;
– le céleri (branches) : souvent difficile à trouver et coûteux, il n'est pas non plus certain que la Calopsitte s'y intéresse ;
– la citrouille : aliment de qualité, riche en vitamines et qui se conserve très bien. Il est nécessaire de découper de petits dés qui sont souvent bien acceptés. Les graines peuvent aussi être proposées aux oiseaux, qui les adorent en général ;
– le concombre : lui aussi se conserve longtemps et, présenté en cubes, il a de bonnes chances de succès.

Les fruits

De nombreux fruits peuvent être proposés aux oiseaux. Malheureusement, hormis la pomme, et dans une moindre mesure, la poire, ils ne sont disponibles qu'une partie de l'année. Parmi les plus appréciés, on note :
– la pomme : les Calopsittes préfèrent les pommes douces, la variété de prédilection étant la Golden. La pomme contient de nombreuses vitamines, notamment la vitamine A, ainsi que des minéraux. Il est possible de la présenter en quartiers ou encore en cubes ;
– la poire : moins bien acceptée en général que la pomme, elle est de surcroît très juteuse, ce qui pose des problèmes de salissures importants. Sa durée de vie, une fois coupée, est très faible ;
– l'abricot : riche en vitamines et en fer, il n'est pas disponible longtemps, mais c'est un fruit de qualité pour les Calopsittes. Hélas, il ne suscite pas toujours l'enthousiasme ;
– la cerise : elle contient elle aussi de grandes quantités de vitamines et elle « plaît » plutôt bien. Attention toutefois aux diarrhées sur des oiseaux peu habitués. Son principal inconvénient est d'être très juteuse et de tacher fortement ;
– la figue : certainement l'un des meilleurs fruits, plein de vitamines et très énergétique. De plus, il contient peu d'eau ce qui simpli-

fie le nettoyage. Il est aussi très apprécié. Hélas, la figue n'est pas souvent disponible et demeure onéreuse ;
– les baies (sorbier, pyracanthe, myrtille, cassis, mûre...) : celles-ci possèdent souvent de bons taux de vitamines, mais leur durée de vie est brève. Il est préférable de les ramasser soi-même, par petites quantités à distribuer aussitôt ; mais attention aux sites de cueillettes qui peuvent être pollués. Enfin, ce sont aussi des fruits très tachants.

La verdure

Sous ce terme, il est habituel d'englober les plantes poussant à l'état sauvage sur les talus ou dans les prairies. De nombreuses herbes font la joie des oiseaux. Mais, ce qui ne gâte rien, ce sont également des sources importantes de vitamines, de minéraux et d'oligo-éléments. La plupart sont à donner alors que les graines ne sont pas encore mûres. Les Calopsittes les acceptent volontiers, au moins dans la majorité des cas. Il est bon d'apporter des quantités modestes au départ, afin d'évaluer la réaction de l'organisme, puis d'augmenter les proportions, au fur et à mesure que l'organisme en

Taraxacum officinale *(pissenlit officinal)*

Plantago major *(grand plantain)*

prend l'habitude. Les plus utilisées sont les suivantes :
– le pissenlit (*Taraxacum officinal*) : chacun connaît cette plante et sa fleur jaune. Le pissenlit contient des sels minéraux, de la vitamine C et des vitamines du groupe B.
Il peut être donné en fleurs ou avec les graines ;
– le séneçon (*Senecio vulgaris*) : ses petites fleurs jaunes et feuilles dentelées rendent son identification facile. Ce sont surtout les graines et les fleurs qui font le bonheur des oiseaux ;
– le grand plantain (*Plantago major*) : là encore, il s'agit d'une plante facile à reconnaître, avec de larges feuilles plates et des épis dressés supportant les graines. Il est préférable de cueillir ces épis avant que les graines ne soient matures. Cette plante présente de nombreuses propriétés cicatrisantes, expectorantes, dépuratives qui aident notamment à résoudre les problèmes respiratoires. Elle contient des minéraux, notamment du soufre ;
– la bourse à pasteur (*Capsella bursa-pastoris*) porte différents noms régionaux : boursette, bourse de capucin, moutarde de Mithridate. Elle ressemble à une petite fougère avec de longues tiges supportant des graines trian-

Capsella bursa-pastoris *(bourse-à-pasteur)*

gulaires. Elle renferme de la tyramine et de la choline, ainsi que des sels de potassium ;
– le mouron des oiseaux (*Stellaria media*) ou mouron blanc : petite plante rampante avec de minuscules fleurs blanches. Il faut faire attention de ne pas le confondre avec son cousin, le mouron rouge, toxique. Riche en potassium et en silicium, cette plante a une action tonifiante. Attention cependant : elle est souvent porteuse de vers capillaires ;
– les graminées : de nombreux végétaux entrent dans cette famille. Signalons l'amourette (*Briza media*), l'avoine des champs (*Trisetum flavescens*), le chiendent (*Agropyron repens*), la fétuque (*Festuca pratensis*), la houlque (*Holcus lanatus*), le pâturin (*Poa pratensis*) ou le ray-grass (*Lolium perenne*). Cette liste n'est naturellement pas exhaustive ;
– les graines mi-mûres : de nombreuses graines (millets, blé...), peuvent facilement pousser dans le jardin, ne serait-ce qu'en vidant les résidus des mangeoires, dans un coin de terre. Les plantes qui en sont issues se développent vite et forment à leur tour des épis que l'on peut récolter avant total mûrissement. Les oiseaux en raffolent généralement.

Parmi la verdure, pourraient figurer aussi les brindilles et branchages dont il a déjà été question dans le chapitre « Occuper ses oiseaux ».

Mouron des oiseaux

La nourriture vivante

Vers de farine

Par cette dénomination, il est sous-entendu qu'il s'agit de proies vivantes, donc essentiellement des insectes. Ceux-ci sont une source de protéines importante, mais aussi de calcium. Le plus utilisé des insectes en aviculture est le ver de farine, larve d'un petit coléoptère brun-noir, le *Tenebrio molitor*. En effet, c'est un animal qui se reproduit facilement, dont le stade larvaire est long et de maintenance aisée. Quelques morceaux de pain dur, agrémentés de taillons de pommes ou de carottes coupées suffisent à les conserver plusieurs semaines, dans un endroit frais. Cependant, ils ne présentent pas que des avantages. La carapace chitineuse est très dure et donc indigeste. Les aviculteurs préfèrent distribuer les sujets qui viennent de muer, avant que ne se reforme cette carapace. Il est facile de les reconnaître à leur couleur blanchâtre.
Hélas, la perruche Calopsitte montre rarement un intérêt pour les proies vivantes, même en période d'élevage des jeunes. Il est possible de faire un essai, mais il risque fort d'en rester à ce stade. Si, par chance, les oiseaux acceptent les vers de farine, la ration doit être très modeste, de l'ordre de trois ou quatre à chaque fois et ceci deux fois par semaine, sauf en élevage ou la fréquence et la dose peuvent être augmentées.

Autres compléments nutritionnels

Pour compléter la gamme d'aliments « naturels », surtout dans l'hypothèse d'un régime constitué essentiellement de graines, différents produits peuvent s'avérer utiles, même essentiels. Ils seront distribués de manière régulière ou bien dans des périodes plus spécifiques, durant l'élevage des jeunes par exemple.

Les compléments minéraux

Déjà évoqués pour la plupart, ils se présentent sous quatre formes possibles qu'il se révèle parfois utile d'associer. La première est le gravier enrichi en matières calciques (coquillages broyés le plus souvent). Nous avons vu que ce qui est communément appelé « fond de cage » est indispensable au fonctionnement digestif.
La deuxième source de minéraux est, elle aussi, bien connue : il s'agit de l'os de seiche, que l'on attache sur un support ou directement après les barreaux de la volière. C'est un produit naturel, riche en calcium, mais aussi en sodium et qui contient un peu d'iode. C'est donc un excellent produit. Toutefois, la Calopsitte ne s'y intéresse pas toujours, en particulier si elle n'en a jamais vu dans sa vie. Le rôle d'entraînement par l'exemple que peut constituer un oiseau habitué au sein d'un groupe est intéressant : celui-ci ira volontiers grignoter l'os de seiche et, de ce fait, montrera aux autres comment faire, ce qui les amènera à plus de curiosité.
La troisième origine possible des minéraux est, bien évidemment, le bloc. Celui-ci se présente sous forme d'une pierre plus ou moins friable, qui s'accroche dans la cage. Il en existe de nombreux modèles dans le commerce, avec des qualités variables et une déclinaison de tailles.
La quatrième et dernière source est constituée par les solutions à diluer dans l'eau de boisson. Là encore, des écarts notables de

ATTENTION À LA TAILLE DES BLOCS
Un bloc trop gros n'est pas bien adapté aux Calopsittes : réservez-le plutôt à de plus larges espèces (perroquets). Pour estimer la qualité du produit, il suffit de lire la composition généralement inscrite sur l'emballage. À titre d'exemple, les bons blocs pour becs crochus sont généralement enrichis en iode.

composition existent, d'une marque à l'autre. Les minéraux sont fréquemment associés à un panel de vitamines. L'inconvénient majeur de ces produits réside dans le fait que la Calopsitte boive relativement peu. Il y a donc un énorme gâchis et il faut répéter l'ajout fréquemment. Certains produits peuvent être répandus sur les aliments, notamment les fruits et les légumes. De cette façon, le problème est contourné. Enfin, d'autres préparations commerciales, qui se présentent en poudres, peuvent être soit dissoutes soit saupoudrées sur la nourriture, ce qui est une formule pratique et efficace, à condition qu'elles ne modifient pas l'appétence et ne rebutent pas ainsi l'animal.

Gardons à l'esprit que les compléments doivent rester des compléments et qu'une « overdose » peut être aussi catastrophique qu'un manque. Si, dans les trois premières sources de minéraux, on laisse le soin à l'oiseau de consommer ce qui lui est nécessaire, il faut davantage se méfier de la quatrième, car, dans ce cas, l'oiseau ne choisit pas. La fréquence de distribution, précisée sur la boîte contenant le produit, doit être respectée, voire minorée, parfois largement, en fonction de la qualité et de la variété de la nourriture proposée aux Calopsittes par ailleurs.

Les pâtées

Il existe, de nos jours, de très nombreuses pâtées commercialisées dans les animaleries. Toutes ne sont pas utiles pour nos Calopsittes. Celles qui doivent retenir votre attention sont : les pâtées d'élevage (ou aux œufs), les pâtées pour perruches, les pâtées universelles et les colorantes. Elles se présentent soit sous forme sèche à humidifier, soit sous forme grasse, utilisables directement (voir chapitre sur les protéines). Elles constituent une bonne source de protéines et peuvent être proposées en petites quantités tout au long de l'année et en doses plus importantes à des périodes bien précises :
– la pâtée d'élevage, avec un taux de protéines légèrement inférieur à 20 %, est avant tout utile à la période de reproduction. Il est bon d'en fournir aux oiseaux dès la prise de possession des nids, puis durant la couvaison et, naturellement, durant l'élevage des jeunes. Les quantités seront augmentées progressivement au cours de ces différentes étapes. Cette pâtée est, en général, bien acceptée par les oiseaux ;

Pâtée spécifique pour grandes perruches

– les pâtées pour perruches sont bien évidemment étudiées pour les becs crochus. Avec un taux de protéines voisin de 16 à 18 %, elles sont très bien adaptées et remplacent avantageusement la pâtée d'élevage ;
– les pâtées universelles sont avant tout destinées aux oiseaux insectivores. Leur taux de protéines oscille entre 15 et 20 %, avec également un taux de lipides important. Elles ne sont pas adaptées à l'élevage des jeunes Calopsittes et ne peuvent être proposées qu'en dehors de la période de reproduction. Mais, en pratique, de nombreux éleveurs constatent souvent un désintérêt des oiseaux pour ces produits ;
– les pâtées colorantes, riches en carotènes, mais aussi en matières grasses et en protéines ne sont véritablement utiles que pendant les périodes de mue. Elles aident la pigmentation des zones colorées, surtout dans le jaune et le rouge. Cependant leur usage trop répété est néfaste, car il peut conduire à un excès de vitamine A.

Les cocktails de vitamines

Aujourd'hui, il existe sur le marché une kyrielle de produits multi-vitaminés, ou bien encore plus ou moins spécifiques pour la

mue, pour la reproduction et ainsi de suite. Dans la majorité des cas, ils se présentent sous forme liquide, à diluer dans l'eau de boisson ou à disséminer sur les aliments. Parfois, il s'agit de poudres. Ces dernières solutions étant naturellement préférables, dans le cas de la Calopsitte. Fréquemment des minéraux y sont associés.
Il existe, parmi toutes ces formules, d'excellents compléments et d'autres bien plus « douteux », dans la mesure où ils renferment essentiellement de l'eau. Il suffit souvent d'examiner la notice qui donne le descriptif de la composition, ainsi que les dosages de chacun des constituants. Il est alors possible de se faire une idée précise de l'utilité du mélange, en se référant au chapitre sur les différentes vitamines et leur rôle. Cet examen permet aussi de définir la pertinence du produit et de son rapport qualité-prix.

Quelques friandises appréciées

Les friandises

Depuis maintenant de nombreuses années, le commerce animalier a développé des produits dérivés, vendus sous la dénomination générique « friandises ». Certains sont des gadgets, parfaitement inutiles, d'autres remplissent différentes fonctions. Ce sont ces dernières qui nous intéressent ici :
– les biscuits : outre l'aspect « friandises », les gâteaux pour oiseaux apportent des protéines et parfois des phosphates. Ils sont souvent très bien acceptés, même avec gourmandise. Il est donc possible de les utiliser pour faire ingérer aux Calopsittes certains remèdes ou même des solutions toniques (vitamines, nectar), simplement en profitant de leur caractère spongieux. Il est souhaitable de ne pas en distribuer trop régulièrement : une fois par semaine, au grand maximum deux fois ;
– les baguettes : leur intérêt réside essentiellement dans leur dureté. De ce fait, les perruches apprécient de grignoter les graines collées sur le bâtonnet et, parfois aussi, de décortiquer ce dernier ! La plupart des baguettes contiennent du miel, un produit riche en glucides et en vitamines. Pour nos Calopsittes, il convient de choisir les modèles dits pour grandes perruches et de ne pas en abuser ;
– le millet en grappes : un complément très apprécié qui « occupe » les oiseaux. C'est l'une des friandises qui peut être donnée régulièrement sans problèmes ;
– les fruits secs : ils doivent être non sucrés, bien entendu. Souvent présentés sous forme de mélanges (ananas, banane, pomme, noix de coco), ce sont de bons compléments énergétiques. Il faut néanmoins prendre garde que ces assemblages ne contiennent pas aussi des arachides, surtout en abondance. Ces graines très grasses sont à éviter ;

DES VITAMINES POUR ÉVITER LES CARENCES
Les cocktails vitaminés sont très utiles, surtout lorsque les apports de nourriture fraîche sont rares. Ils évitent bon nombre de carences. La fréquence de distribution dépend naturellement du régime alimentaire, du type et de la concentration du mélange utilisé. Néanmoins, un ajout deux fois par semaine semble un rythme correct.

– les mélanges de graines « de santé » ou « tonifiantes » pour grandes perruches : sous ce label, sont vendus des produits très différents. Les seuls qui présentent un intérêt sont des assemblages de petites graines sauvages (graminées, graines de laitue, etc.). De petites quantités, distribuées de temps en temps, apportent de la diversité dans le menu et des compléments nutritionnels. Les produits contenant des graines grasses en quantités sont à proscrire. Il faut donc bien lire la composition avant l'achat.

Les graines de tournesol constituent aussi une friandise d'usage modéré

La reproduction des Calopsittes

La perruche Calopsitte est un oiseau qui se reproduit en général très facilement. Il arrive même qu'en l'absence de nichoir, la femelle ponde et couve sur le sol ou dans une mangeoire. Cependant, si l'on veut que les jeunes se développent correctement pour devenir de beaux oiseaux, et non pas des sujets rachitiques, quelques données de base sont à respecter.

Des choix à faire

Choix des reproducteurs

Lorsqu'il n'y a que deux oiseaux à la maison, le choix est rapide ! Dans une volière communautaire, les couples se choisiront en fonction de leur attirance mutuelle. Néanmoins, et dans tous les cas, il convient de ne pas accoupler des animaux trop jeunes. Il existe en effet des risques pour la femelle, notamment de rétention d'œufs (voir plus loin) et, très souvent, les résultats sont de toute façon médiocres. On note aussi que la première couvée est souvent partiellement ratée, voire que les œufs sont stériles. Cela est normal : il faut que les oiseaux apprennent à gérer l'élevage des oisillons. Un couple de Calopsittes dans sa deuxième année ne pose pas de problèmes en général. Mieux vaut donc attendre cet âge, qui correspond, en outre, à la maturité sexuelle certaine. Certains sujets sont matures bien avant, parfois largement avant la fin de la première année, mais il n'est pas raisonnable de les faire nicher. Des oiseaux plus âgés produiront moins : au-delà de six ans, pour une femelle, le nombre d'œufs diminue sérieusement, mais elle peut continuer à reproduire régulièrement jusqu'à une douzaine d'années.
Évidemment, un couple qui s'entend bien aura des nichées plus fréquentes, davantage de petits et les élèvera mieux. Il arrive aussi que deux animaux ne s'accordent pas du tout : même s'ils ne se battent pas, ils ne se reproduiront pas. Enfin, l'un des membres du couple peut se révéler stérile (le mâle en général). Dans les deux dernières situations, il n'existe qu'une solution : changer l'un des deux oiseaux pour un autre, ou les deux. Rappelons que la Calopsitte est une espèce fidèle : les couples formés restent en général très unis. Dans le cas de stérilité, il est plus simple de reporter ses espoirs de reproduction sur une autre paire. Cela évite de briser les liens entre deux animaux habitués l'un à l'autre. La stérilité n'empêche pas les oiseaux d'être appariés. Les reproducteurs doivent être des oiseaux en bonne santé, sans tare évidente qu'ils risqueraient de transmettre à leurs descendants. On évitera d'accoupler des sujets malingres ou sortant d'un traitement.
Si l'objectif est d'obtenir des coloris précis ou des mutations spécifiques, le choix des parents devient rigoureux. Il est en outre important de connaître leur patrimoine génétique. Mais, ces aspects seront développés dans le chapitre sur les mutations.

Choix des nichoirs

La Calopsitte n'est pas très exigeante sur le choix des nichoirs. Néanmoins, lorsque cela est possible, elle apprécie que l'on mette

À FAIRE SOI-MÊME ?
On trouve de nombreux modèles de nichoirs dans le commerce, mais il est facile aussi de le fabriquer soi-même. Le défaut principal de la majorité des modèles pour Calopsittes réside dans la taille. Ils sont souvent trop petits. Cela a certes un avantage en saison froide ou en début de printemps où les nuits sont encore fraîches : les déperditions de chaleur sont limitées, mais les inconvénients sont multiples : risques d'écrasement des oisillons, usure des plumes, échauffement des jeunes, etc.

Un excellent modèle de nid-bûche

plusieurs modèles à sa disposition. Si le couple est maintenu en cage, cela sera, bien évidemment, plus difficile. Pour des raisons de place, il est alors préférable d'accrocher le nid à l'extérieur de la cage. Dans une volière, en revanche, il s'avère plus facile d'en proposer plusieurs sortes. Rappelons que, si la volière est peuplée de plusieurs paires d'oiseaux, il est nécessaire de suspendre plus de nichoirs que de couples.
La Calopsitte n'est guère regardante non plus quant à l'emplacement du nichoir dans la volière. Il est néanmoins préférable de l'attacher à une certaine hauteur, pour éviter la visite éventuelle de parasites (souris, par exemple) : 1,50 m est un minimum. Plus haut, cela ne gêne nullement l'oiseau, au contraire, mais il faut penser que le nid doit être accessible pour vérifier le bon déroulement des opérations. Or, à plus de 2 m, cela devient difficile ! Il est naturellement préférable de positionner le nichoir à l'abri des courants d'air. Si la mise en place a lieu tôt dans l'année, disons en mars, la température peut s'avérer encore très basse, en extérieur. Il est donc souhaitable de placer le nichoir dans l'abri. En revanche, en période estivale, il est impératif de ne pas le mettre sous les feux du soleil, auquel cas les oisillons subiraient une hyperthermie. Une zone ombragée fera l'affaire. La procédure idéale est d'attendre que la température moyenne soit autour de 15 °C, ce qui évite bien des problèmes.
Il existe deux grandes catégories de nichoirs : les bûches naturelles évidées et les artificiels, construits de toutes pièces. Les premiers sont souvent en bouleau. Ils sont esthétiques, mais pas toujours pratiques, lorsqu'ils ne comportent ni trappe de visite, ni ouverture sur le dessus. Ils sont alors difficiles à nettoyer convenablement. Néanmoins, de bons modèles existent sur le marché et sont appréciés des oiseaux. Les seconds, les plus utilisés, sont de forme parallélépipédique et sont construits en bois épais, non traité, très souvent en contreplaqué. L'épaisseur sert naturellement à empêcher les pertes thermiques et à assurer la solidité. Les dimensions souhaitables sont les suivantes : hauteur : 35 à 45 cm, base de 25 × 25 cm environ. Le trou d'envol sera situé en partie haute, près du toit, avec un diamètre d'environ 7 cm. Il ne faut pas oublier de positionner à l'extérieur, devant le trou d'envol, un petit perchoir et, à l'intérieur, deux ou trois morceaux de bois fixés à la paroi à intervalles réguliers, entre l'entrée et le fond. Ce dernier point est important, car ces sortes de marches permettent aux parents de descendre dans le nid en douceur

et non pas de sauter depuis l'entrée, ce qui risquerait de briser les œufs, surtout si le nichoir est profond. Cela autorise aussi plus facilement la sortie des jeunes oiseaux. Il est souvent très intéressant d'avoir un toit amovible pour désinfecter le nid après usage, mais aussi de prévoir une petite trappe de visite composée d'un carré de bois monté sur charnières et d'un loquet de fermeture. Celle-ci n'a pas besoin d'être très grande mais, de cette façon, il est possible de suivre l'évolution de la nichée et d'intervenir si quelque chose va mal. Elle sera située à l'arrière du nichoir, si ce dernier est placé à l'extérieur de la cage, et sur un côté, lorsque le nichoir est appuyé après une paroi. Lorsque le nid est situé à l'intérieur de la volière et en cas de très forte chaleur, il est parfois salutaire d'ouvrir la trappe d'inspection pour créer une circulation d'air ; il faut cependant bien surveiller que cette manœuvre ne perturbe pas trop les parents et qu'ils continuent à nourrir les petits correctement.

Nichoir vu de l'extérieur

Trappe de visite

Nichoir vu de l'intérieur (face avant)

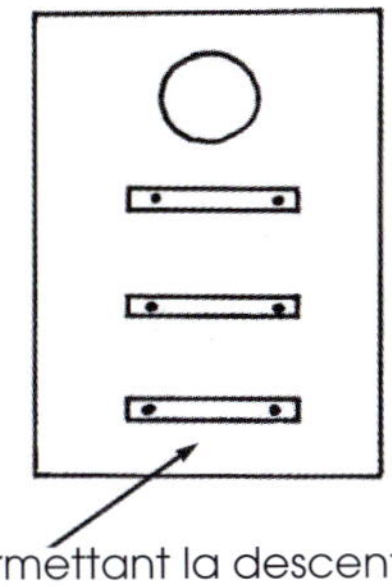

« Escaliers » permettant la descente et la montée des oiseaux

Modèle de nichoir © Ferplast

Le nichoir, surtout s'il est assez profond, est rempli d'une couche de 5 cm au moins, composée d'écorces finement broyées, de copeaux grossiers, éventuellement mélangés avec un peu de tourbe, mais pas trop, celle-ci étant trop sèche. Il ne faut pas faire appel à des bois résineux ou à certaines essences toxiques comme le chêne. Le hêtre, facile à trouver en magasin, convient bien. Ces matériaux possèdent des propriétés absorbantes, utiles pour conserver l'humidité nécessaire à l'incubation. Ils empêchent aussi les œufs de rouler. Ils doivent être très propres, non poussiéreux et exempts de produits de traitement.

La position du nichoir peut être droite, ou bien inclinée de côté suivant un angle de 30 à 45°. Si l'on offre aux oiseaux un choix de nichoirs, il est toujours utile d'en fixer un ou deux de cette manière, notamment pour des oiseaux difficiles. Sinon, la Calopsitte se contente habituellement du nid vertical, sans grands problèmes.

Dernier point : il n'est pas nécessaire de mettre le nid dans la volière sitôt après l'arrivée des oiseaux. Cela est même préjudiciable : mieux vaut attendre un peu. En effet, deux oiseaux mis ensemble ne vont pas former un couple tout de suite. Or, la présence du nid incite à la ponte. La femelle risque donc d'aller déposer des œufs qui n'auront pas été fécondés. Pour se rendre compte de cela, il suffit souvent d'observer qui entre le premier dans un nid fraîchement installé. Si c'est le mâle, il y a de bonnes chances que le couple « fonctionne ». Si c'est la femelle, il est bien possible que ce ne soit pas le cas.

Choix de la période

Les Calopsittes peuvent nicher pratiquement toute l'année, même sous nos climats. C'est d'autant plus vrai si elles sont logées en intérieur. Des reproductions peuvent avoir lieu quatre ou cinq fois en douze mois. Néanmoins, pour diverses raisons, il est impératif de limiter le nombre de pontes à deux ou trois au maximum. Pour cela, il suffit d'ôter les nichoirs. En volière extérieure, il convient d'éviter que les oiseaux nichent en période hivernale. Cela se comprend aisément : les oisillons sont davantage exposés à des risques de coups de froid et la femelle, surtout si elle est jeune, peut aussi être sujette à des soucis de rétention d'œufs. La plupart des éleveurs attendent le mois de mars pour placer les nichoirs. Cela a un effet stimulant sur les oiseaux. Parallèlement, l'alimentation est modifiée, avec un régime plus riche en protéines et en vitamines, notamment en vitamine E (ajouts de pâtées, de graines germées...).
En cage et dans la maison, la saison a beaucoup moins d'importance.

Ponte et couvaison

La femelle pond en moyenne entre quatre et six œufs, à raison d'un tous les deux jours. Il arrive cependant que des nichées soient plus faibles, de l'ordre de trois, ou plus conséquentes, jusqu'à huit. Les œufs sont blancs et mesurent environ 25 mm de long. La couvaison ne démarre en principe pas avant le deuxième ou le troisième œuf ; toutefois, il a été observé de nombreuses exceptions à la règle et certains oiseaux commencent dès le premier œuf. L'incubation est assurée par les deux parents, le père assurant principalement la permanence de jour, tandis que la mère prend le relais plutôt la nuit. Tout cela n'est pas exclusif, car les oiseaux doivent sortir pour manger. En effet, les Calopsittes – et les mâles en particulier – n'ont pas pour habitude de nourrir leur partenaire qui couve, comme c'est le cas chez de nombreux becs crochus. Il arrive aussi fréquemment que les deux parents soient dans le nichoir en même temps.
L'éclosion survient 18 à 22 jours après le début de l'incubation, parfois un peu plus.

Œufs de Calopsitte

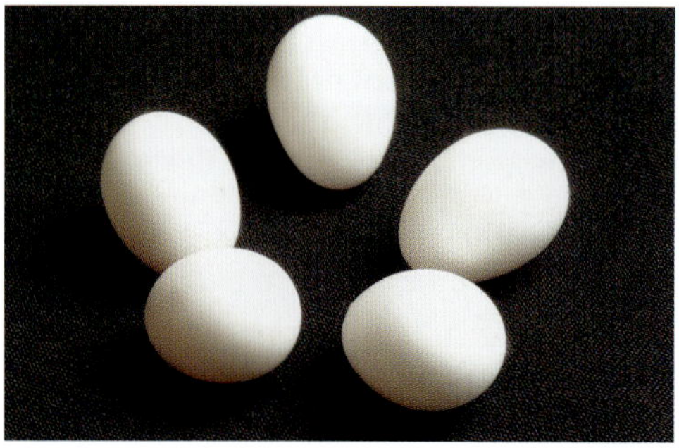

Oisillons de 12 jours

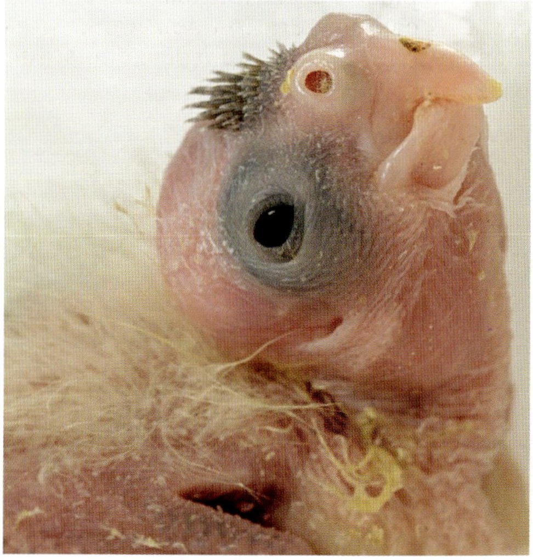

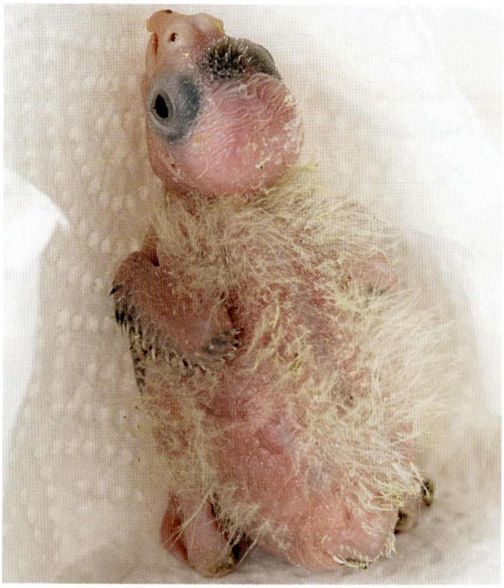

L'écart se justifie avec le démarrage variable de la couvaison et, aussi, par l'influence de la température externe : le froid rallonge la durée. Quant à la température d'incubation, elle est voisine de 37,5 °C. L'humidité dans le nid est au minimum de 50 %, au départ, mais elle va en augmentant avec l'avancement de la couvaison. Si elle est insuffisante, les poussins ne parviendront pas à s'extraire des coquilles. Pour assurer cela, il arrive qu'une femelle se baigne, particulièrement si la température est élevée, avant de retourner au nid. Il faut donc penser à procurer aux oiseaux un récipient avec quelques centimètres d'eau, durant la couvaison.
Les oisillons sortent seuls de la coquille, parfois rapidement, parfois lentement. Dans certains cas, l'opération peut durer plus d'une journée, voire jusqu'à deux jours. Audelà de ce délai, il y a très certainement un problème, très souvent lié à une humidité trop faible. Il faut alors intervenir, ce qui est une opération très délicate. On commence, à l'aide d'un objet stérile fin, par ôter de petits morceaux de coquille du côté de la poche d'air et l'on poursuit en coupant la membrane petit à petit. Les œufs infertiles peuvent être laissés quelques jours dans le nid, sans soucis : il n'est pas utile de perturber les parents, surtout de jeunes sujets qui en sont à leurs premières couvées.

Oisillons de 15 jours

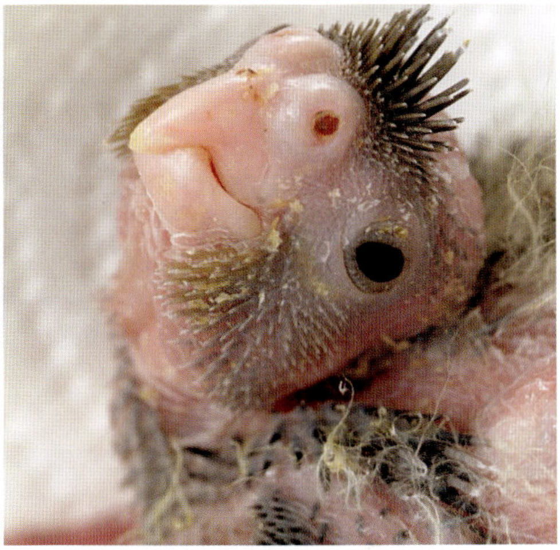

Élevage des petits

Les Calopsittes sont en général de très bons parents, extrêmement attentifs à leur progéniture. Les interventions sont donc minimes. Il suffit de leur procurer une alimentation adéquate et variée. Ce dernier adjectif est important car, d'un couple à l'autre, les choix alimentaires pour nourrir les jeunes ne seront pas identiques. De manière générale, les ingrédients suivants sont les bienvenus : verdure (graminées), fruits et légumes, pâtées d'élevage au miel, mélange de graines enrichi, graines germées, œuf dur, biscuit, pain au lait, vitamines et minéraux. Parmi les graines utilisées pour enrichir le mélange de base, le tournesol et le niger sont deux bons candidats. Il faut néanmoins faire très attention au niger en raison de sa tendance à rancir très facilement et à devenir porteur de moisissures. Les graines doivent être d'une qualité irréprochable. L'œuf dur n'est pas distribué en trop grandes quantités, pour éviter des soucis au niveau du foie. Il faut également veiller à la propreté des aliments frais. Les graines germées sont défendues par certains éleveurs et bannies par d'autres, en raison du risque sanitaire évoqué dans le chapitre sur le sujet. Cela reste un apport intéressant mais, là encore,

L'INSPECTION DU NID
Il est important d'habituer les animaux aux inspections du nid. Il faut donc le faire régulièrement dès avant la couvaison. Bien entendu, il est préférable d'ouvrir la trappe lorsque les oiseaux ne sont pas dans le nichoir, mais, généralement, s'ils sont dedans, ils s'envolent aussitôt, au moins dans les premiers temps.

Le mâle joue un rôle très important, notamment en fin d'élevage

l'hygiène doit être absolument parfaite. Enfin, pour tremper le pain, la méthode consiste à faire bouillir de l'eau à laquelle on ajoute le lait, à volume au maximum égal. Le mélange est ensuite versé sur le pain complet. Celui-ci est servi après refroidissement. Il est souvent bénéfique de saupoudrer la nourriture avec un peu de calcium.

Les oisillons naissent presque nus et aveugles. Les yeux commencent à s'ouvrir peu après l'âge d'une semaine. Les premiers embryons de plumes apparaissent aussi à ce moment-là. Le plumage est complet aux environs de quatre semaines. Les 20 premiers jours, le développement est très rapide et les jeunes atteignent presque les deux tiers du poids des parents. Vers la quatrième semaine, on constate un tassement, parfois même une légère régression du poids. C'est un phénomène normal : les oiseaux préparent leur envol.
Les deux parents nourrissent les jeunes, par régurgitation. Ils avalent les aliments qu'ils ramollissent dans le jabot et régurgitent ensuite aux petits. Le mâle joue un rôle très important, qui va croissant avec l'âge des jeunes. C'est lui qui assure la part la plus large du travail, notamment après l'envol et, *a fortiori*, si la femelle prépare une seconde couvée.

Si l'on souhaite baguer les oiseaux, de manière conventionnelle, cela se pratique avec une bague fermée. Celle-ci s'installe sur un oiseau très jeune, lorsque les articulations sont très souples et les dimensions des pattes faibles : dans le cas de la Calopsitte, vers l'âge d'une semaine. Il est essentiel de bien choisir le diamètre de la bague, que celle-ci ne gêne pas à l'état adulte. Les éleveurs conseillent 5,5 mm de diamètre interne. La mise en place n'est pas facile pour quelqu'un qui ne l'a jamais pratiqué. Si c'est le cas, faites-vous aider par une personne chevronnée. De toutes manières, l'opération est bien plus aisée à deux. On commence par passer les deux doigts antérieurs dans la bague, que l'on fait glisser ensuite le long de la patte en incluant les deux autres doigts.

Envol des jeunes

La sortie du nid dépend de la capacité des parents à les nourrir, mais aussi du nombre de petits. En général, elle a lieu entre la quatrième et la cinquième semaine. Les jeunes ressemblent alors à une femelle légèrement plus fine et plus pâle, avec une huppe moins prononcée et un bec plus sombre. Il faut prêter grande attention à l'envol : les jeunes sont maladroits et assez farouches. Ils ont tendance à venir heurter le grillage brutalement. Pour éviter cela, il est recommandé de placer quelques branchages à l'intérieur de la volière, le long de la façade avant.
Les oiseaux sont encore nourris, surtout par le père, jusqu'au sevrage, soit à l'âge de sept ou huit semaines. La femelle, en général, commence aussitôt une autre couvée. Il arrive même qu'elle ponde alors que les petits se trouvent encore dans le nid, si elle n'a à sa disposition qu'un seul nichoir. Celui-ci sera nettoyé et désinfecté aussitôt après le départ des jeunes. Les Calopsittes n'évacuent pas les excréments des oisillons qui s'accumulent dans le nid – cela permet d'ailleurs de maintenir un taux d'humidité élevé. Certains auteurs ont même constaté que, dans des périodes chaudes, les parents apportaient des aliments riches en eau, de manière à ce que les excréments soient liquides et constituent, mélangés à l'écorce, une réserve d'humidité.

Il n'est pas nécessaire de faire partir les jeunes rapidement après le sevrage. Les

PARENTS ADOPTIFS

Les Calopsittes se montrent de tellement bons parents qu'il est possible de les utiliser en tant que parents adoptifs, pour élever d'autres jeunes que les leurs. Cela peut se produire avec des oiseaux d'autres espèces, de taille similaire et du même ordre (becs crochus), plus délicats à reproduire ou bien qui présentent des difficultés d'élevage. Mais cela arrive aussi fréquemment entre Calopsittes, dans différents cas de figure :

– si la couvée est très importante dans un nid et faible dans un autre au même stade d'évolution ;

– si les parents se révèlent de piètres soigneurs, ou présentent des problèmes de santé ;

– si les jeunes ne se développent pas à la même vitesse. Cela se produit parfois dans les nichées abondantes. Les premiers nés, plus grands, tendent à supplanter les plus faibles pour quémander la nourriture, ce qui perturbe la croissance de ces derniers ;

– si un accident est survenu aux parents. Il est bon de signaler qu'en cas d'échappée des animaux de leur volière, il suffit généralement de laisser la porte ouverte : les parents retournent rapidement auprès de leurs petits. Certains éleveurs, notamment le duc de Bedford, utilisaient cette faculté pour permettre aux oiseaux d'aller quérir une nourriture variée aux environs. Ils laissaient donc la volière ouverte dans la journée. Cette technique était pratiquée sur diverses espèces, particulièrement celles qui présentaient des difficultés au niveau de l'alimentation. Elle n'a plus guère cours aujourd'hui, car il faut être dans un lieu protégé, à l'écart des habitations, de la circulation et des cultures.

Il est évident que les parents adoptifs doivent avoir des œufs ou des jeunes dans le nid, au moment où l'on y rajoute les éléments étrangers. L'un comme l'autre en seront approximativement au même stade de développement. Lorsqu'il s'agit d'une espèce différente, celle-ci doit présenter des mœurs semblables : taille équivalente, durée d'incubation similaire et régime alimentaire voisin.

La femelle enchaîne les pontes rapidement

Bouillie pour oisillons

parents ne manifestent en général aucune hostilité. Néanmoins, les petits peuvent parfois gêner la femelle si une nouvelle couvée est entamée. Si, pour des raisons de place dans la volière, il faut néanmoins les retirer, ceci ne peut intervenir avant un sevrage complet, donc environ un mois après l'envol.

Élevage à la main

L'élevage à la main reste une solution utilisable dans différents cas de figure :
– si les parents ont un grave problème (maladie, décès, fuite...) ou se révèlent incapables d'élever les jeunes et s'il n'y a pas de parents adoptifs potentiels ;
– si l'un des parents, en général la femelle, arrache des plumes aux jeunes, les empêchant de se développer convenablement. Il s'agit d'un cas de picage sévère et, là non plus, l'éleveur n'a pas de possibilité de remplacement des adultes ;
– si la nichée est trop nombreuse ou la croissance des jeunes est trop hétérogène, ce qui met en périls les plus faibles. (Ici aussi, en l'absence de parents adoptifs) ;
– si le propriétaire souhaite obtenir un animal apprivoisé.

Avant de se lancer dans l'aventure, il faut avoir conscience du travail important que cela génère, durant plusieurs semaines, et des difficultés à surmonter, car cela reste une affaire délicate.

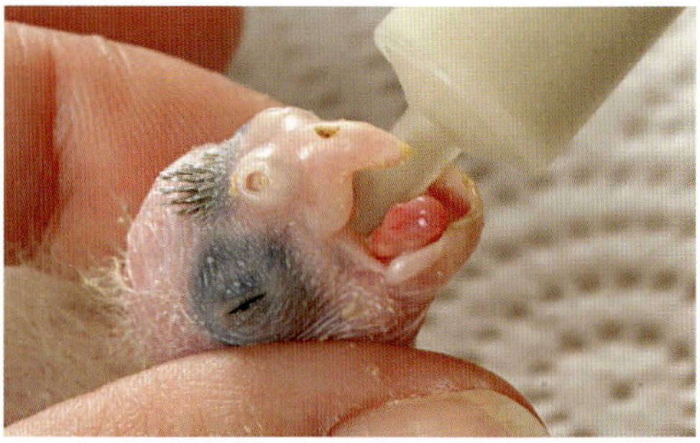

Oisillon de 12 jours

Âge des oisillons

L'âge auquel les oisillons sont prélevés du nid dépend naturellement de la nature du problème. S'il s'agit de résoudre un ennui avec les parents, il est clair que l'on ne choisit pas la date ! Cependant, si l'objectif est d'obtenir des perruches apprivoisées, il est possible de définir le moment où l'on commence le nourrissage à la main. Plus l'oiseau est pris jeune, meilleures sont les chances d'avoir un animal familier. Certains éleveurs peu scrupuleux enlèvent les jeunes tout juste avant l'envol et terminent le sevrage, tout en les estampillant de l'étiquette « élevés à la main ». Il est clair que, dans un tel cas, la familiarité est moindre. Néanmoins, n'oublions pas que la confiance réciproque entre l'homme et l'oiseau dépend du caractère de ce dernier et de l'attention de son propriétaire. Tous les oiseaux ne montreront pas la même affection, même s'ils sont pris très jeunes au nid. L'attention prodiguée par le soigneur et le temps passé avec l'animal sont aussi des facteurs qui comptent. Enfin, il faut savoir que plus le prélèvement a lieu tôt, plus les risques durant l'élevage sont importants : les cinq premiers jours sont les plus critiques. Il est naturellement possible de commencer le gavage dès l'éclosion, mais ce n'est certainement pas la solution la plus facile. L'âge idéal pour obtenir à la fois de « bons » sujets et pour s'épargner des soucis est d'environ huit à dix jours, au moment où les oiseaux ouvrent les yeux. À cette période, ils se montrent capables de relever la tête et de tendre le cou vers la source de nourriture, ce qui facilite bien les opérations.

INCUBATION ARTIFICIELLE
Certains éleveurs pratiquent l'incubation artificielle. Sur un oiseau aussi aisé à reproduire et courant, nous considérons cette éventualité comme ne s'adressant pas vraiment à l'amateur et renvoyons le lecteur à des ouvrages techniques. En fait, cela est surtout utilisé sur des mutations rarissimes.

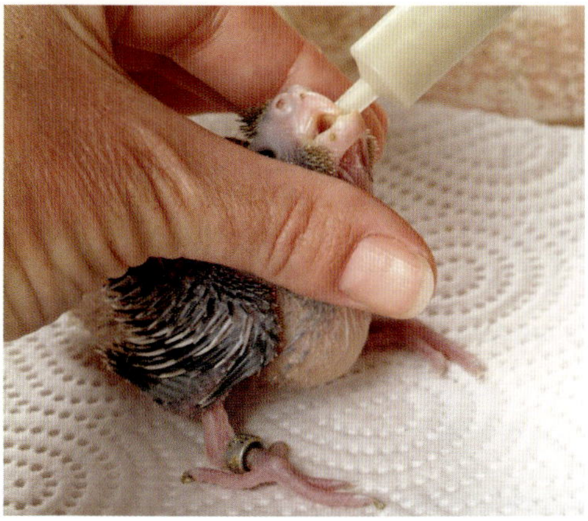

Oisillon de 15 jours

Oisillon de 5 semaines

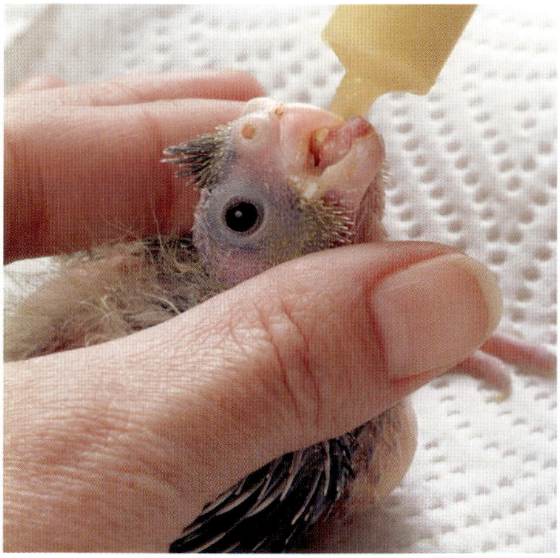

Oisillon de 15 jours

Oisillon de 5 semaines

Oisillon de 9 semaines

Précautions générales

La première chose a laquelle il faut faire très attention, lorsque l'élevage à la main est envisagé, est l'hygiène. De jeunes oiseaux n'ont pas encore achevé la construction de leurs défenses immunitaires. Normalement, ce sont les parents qui transmettent aux poussins les anticorps lors de la régurgitation. Ils sont donc très sensibles aux infections, ceci d'autant plus qu'ils sont jeunes. La propreté de la nursery et des ustensiles est particulièrement essentielle. Tous les objets utilisés pour nourrir les jeunes doivent être stérilisés à chaque séance, dans l'eau bouillante. Les éléments en matière plastique, qui ne résisteraient pas à la température, seront simplement rincés à l'eau chaude après lavage avec un désinfectant. Il est nécessaire d'éradiquer toute trace de produit : le rinçage sera donc copieux.

Nourriture

Il existe, de nos jours, de nombreux fabricants de préparations prêtes à l'emploi, ne demandant qu'une humidification à l'eau tiède, éventuellement additionnée de miel. Elles portent souvent le nom de « bouillies d'élevage ». Vous n'avez plus l'obligation de mettre au point des recettes « maison », pas toujours évidentes à réaliser et pas forcément très équilibrées. Ces produits sont plutôt bien répandus dans les magasins spécialisés et on en trouve même différentes gammes, adaptées à telle ou telle famille d'oiseaux. Ils présentent l'énorme avantage d'être complets et digestes. Si vous hésitez entre plusieurs marques, étudiez le taux de graisses et de protéines, inscrit sur l'emballage. Un aliment plus riche nourrira davantage les oisillons, mais causera plus facilement des problèmes digestifs.
La température à laquelle la préparation doit être servie est indiquée sur la boîte. Elle est assez précise en général. En dessous, le mélange a tendance à s'épaissir, ce qui le rend plus difficile à distribuer et l'oiseau le refuse. Au-dessus, il est susceptible de devenir dangereux pour l'animal. Une pratique consiste à mettre de l'eau très chaude sur la bouillie, à remuer et à attendre que le tout refroidisse jusqu'à la bonne température. Cette méthode n'est pas forcément bonne, car l'eau trop chaude détruit une partie des vitamines. La température idéale est, en général, à peu près la même que pour un nourrisson, soit aux alentours de 35-37 °C.

L'inconvénient majeur peut être un oiseau qui ne réclame pas la nourriture, soit parce qu'il est trop jeune ou trop faible, soit parce qu'il n'est pas enclin à le faire. Dans ce cas, il faut forcer l'ouverture du bec, mais délicatement, pour ne pas causer des lésions ou des déformations. L'idéal est d'alterner les deux côtés du bec. Pour introduire la bouillie, il est nécessaire d'utiliser une seringue spéciale, munie d'un embout allongé, arrondi au bout, si le sujet est vraiment jeune. En effet, lorsque les parents régurgitent les aliments, ils y mettent une certaine pression. De ce fait, la nourriture descend naturellement dans l'œsophage et le poussin n'a pas à faire l'effort de déglutir. Il est nécessaire de reproduire cela artificiellement, ce qui nécessite une certaine habitude. Il ne faut pas abîmer le conduit digestif, ni aller trop loin, sous peine de diffuser la bouillie vers les poumons. Vers l'âge d'une dizaine de jours, une simple seringue devient suffisante, l'oisillon ayant le réflexe de quémander et d'ouvrir le bec. En fin de parcours, juste avant l'envol, une cuillère en matière plastique peut alors remplacer la seringue, bien que ce ne soit pas toujours le cas.

Le nombre de prises de nourriture dépend naturellement de la quantité avalée à chaque fois : un oiseau qui prend mal la nourriture devra être alimenté souvent. Mais, au début de l'opération, lorsque le sujet est tout jeune, il faut compter presque une dizaine de gavages par jour. Dans tous les cas, il ne faut pas descendre en dessous d'une prise toutes les deux heures et ceci du matin (7 h 00) jusqu'au soir (22 h 00). Au fur et à mesure du développement de l'oisillon et de sa capacité à ingurgiter des portions plus importantes, il est possible de ramener ce nombre à cinq ou six, puis à quatre. Il convient de s'assurer que le jabot est vidé de la précédente prise d'aliments avant de donner la suivante. Si ce n'est pas le cas, il faut attendre un peu et, si le fait est systématique, on doit songer à écarter les fréquences de gavage ; mais c'est peut-être aussi le signe d'une bouillie trop épaisse qui peut causer des problèmes digestifs ou d'une prise trop importante. Si tel est le cas, il faut humidifier davantage la nourriture et, si le jabot n'est pas vidé convenablement, un léger apport de bouillie très liquide, suivi d'un massage doux du jabot permet généralement de résoudre le problème. Mais attention : un aliment qui demeure trop longtemps dans le jabot, surtout associé à une atmosphère très sèche, devient dangereux pour l'oiseau !

Lorsque les jeunes approchent de l'âge normal d'envol, la seringue de gavage, nous l'avons vu, peut généralement être remplacée par une cuillère. Les modèles jetables en matière plastique sont très bien, à condition qu'ils ne présentent pas de bords coupants. La cuillère est plus pratique, naturellement, que la seringue et, surtout, elle habitue les oiseaux à prendre la nourriture. Il est bien entendu nécessaire de leur présenter des aliments solides à un moment donné, ainsi qu'une coupelle d'eau. Cela commence entre quatre et cinq semaines, à l'âge normal d'envol. Il faut néanmoins continuer le gavage, mais en diminuant peu à peu le nombre de prises, jusqu'à l'arrêt total vers sept ou huit semaines et sevrage. Les premiers aliments solides acceptés sont souvent assez mous : carotte râpée, fruits, mélangés éventuellement à de la pâtée d'élevage, herbes, graminées, maïs doux... Mais cela ne dispense pas de présenter aussi des graines. Peu à peu, le menu se diversifie. Il est très important de restreindre le gavage progressivement pour obliger les jeunes perruches à manger par elles-mêmes. Néanmoins, il ne faut ni le faire trop tôt, ni rendre les oiseaux affamés. Il arrive souvent que ceux-ci rechignent à changer leurs habitudes et continuent à réclamer, sans aller chercher dans l'écuelle les aliments proposés par ailleurs, ce qui pose quelques problèmes. Pour contourner cela, lorsque, en fin de gavage, les animaux sont habitués à être alimentés à l'aide d'une cuillère, il est alors facile de leur offrir les produits solides de la même manière, voire de poser ladite cuillère dans la soucoupe contenant la nourriture, ce qui les amène à goûter les nouveautés. Il est bien évident que les premiers aliments frais proposés doivent être de qualité. Étant donné qu'ils s'abîment très vite à l'air et à la chaleur, ils seront mis à disposition en petites portions et renouvelés très souvent.

Logement

Les jeunes oiseaux sont généralement placés dans un petit bac en plastique, du type de ceux contenant les sorbets. Le fond de la boîte est tapissé de papier absorbant qui sera changé très

Les Calopsittes sont en général d'excellents parents

régulièrement. Le récipient doit être bien stable, suffisamment haut pour éviter les échappées, notamment quand les petits prennent de la force. La température doit être maintenue extrêmement constante, surtout avec un très jeune sujet. Les dix premiers jours, celle-ci sera d'environ 35-37 °C, puis sera abaissée progressivement à 20 °C en fin de sevrage. La baisse doit rester très progressive, d'à peine un degré par jour. Pour assurer la bonne température, une lampe chauffante est souvent utilisée. Elle ne doit pas être trop puissante ni trop proche. La température est naturellement vérifiée dans le bac en plastique, avec un thermomètre. Le spot chauffant présente deux inconvénients : il assèche l'atmosphère et il éclaire. Fort heureusement, il existe aujourd'hui des accessoires pour reptiles qui n'émettent pas ou peu de lumière, ce qui évite d'exposer l'oisillon « au jour » tout le temps. Il est nécessaire, à côté de cela, de recréer des cycles de jours et de nuits, avec une ampoule conventionnelle. Une boîte d'une certaine taille peut être intéressante dans la mesure où il se fait naturellement un gradient de température, au fur et à mesure de l'éloignement de la source de chaleur. L'oisillon peut donc choisir sa température de prédilection. Ceux qui ont déjà élevé de jeunes volailles savent qu'il est bien plus facile de maintenir un groupe plutôt qu'un sujet isolé. En effet, en se serrant, ceux-ci se tiennent chaud. C'est la même chose dans le cas des Calopsittes, pour des raisons identiques. De plus, les petits prennent appui les uns sur les autres, ce qui leur permet plus aisément de se tenir sur leurs pattes encore faibles.

Le support ou la table sur lequel repose le bac contenant les petits peut gêner quelquefois, si la surface est conséquente. En effet, cela fait un matériau froid sous leurs pattes et l'usage d'un tapis chauffant avec thermorégulation peut s'avérer une bonne idée. Il faut bien évidemment que celui-ci ne diffuse pas une chaleur excessive. La régulation sera donc de qualité, ce qui signifie un appareillage onéreux.

Lorsque les petits grandissent, un logement plus vaste est nécessaire. Un carton, dont le fond est découpé et placé dans un bac en plastique (fond de cage ou bac pour chat), convient parfaitement. Bien évidemment, le système de chauffage est réadapté sur ce nouveau logement. À l'approche de la période d'envol, il faut envisager de placer les oiseaux dans une cage, afin d'éviter des accidents dans la pièce. Des perchoirs seront mis à disposition, en bas de la cage, vers l'âge de quatre ou cinq semaines. Attention aussi à bien protéger la source de chaleur lorsque les jeunes prennent de la vigueur.

Les problèmes liés à la reproduction

Même si les Calopsittes sont de bons parents, l'éleveur, amateur ou chevronné, peut néanmoins rencontrer un certain nombre de problèmes avec ses oiseaux. Vous trouverez ci-dessous les principaux exposés.

Œufs cassés dans le nid

Lorsque les œufs se trouvent brisés, deux explications sont possibles : ou bien le nichoir est mal conçu, ou bien les parents se sont affolés. Un nichoir haut qui ne possède pas de petites marches intérieures pour permettre aux parents de descendre et les oblige à sauter peut être à l'origine de problèmes. Pour y remédier, il suffit de fixer deux ou trois morceaux de tasseau entre l'ouverture et le fond du nid, à intervalles réguliers. Dans l'autre hypothèse, d'un affolement des parents, cela se produit souvent lors de l'inspection du nid, parfois aussi lorsqu'un prédateur (chat, rapace) grimpe sur la volière. Ce second cas est plus rare. Lorsque le propriétaire souhaite examiner le contenu du nid, il est important qu'il prévienne les oiseaux de son arrivée et qu'il ouvre la trappe de visite doucement.
Enfin, la présence d'œufs cassés peut être aussi liée à un souci de coquille trop fine (voir ci-dessous).

Problèmes de coquille

Il arrive que des oiseaux pondent des œufs à coquille imparfaite ou trop fine. Cela est généralement lié à une carence en calcium et en oligo-éléments. De tels oiseaux ne devraient pas être amenés à reproduire, car leur état général est certainement insuffisant. La première chose à faire est de retirer le nichoir pour la saison, puis de fournir les compléments alimentaires nécessaires.

Des œufs clairs

Des œufs clairs sont des œufs non fécondés. Cela est mis en évidence selon une technique simple de mirage : l'œuf est examiné par transparence devant une source lumineuse.

ATTENTION À LA DÉSHYDRATATION !
Le chauffage des oisillons conduit très souvent à une atmosphère sèche, ce qui peut causer leur déshydratation. L'alimentation étant très humide, cet inconvénient est relativement bien contourné, mais il arrive néanmoins qu'une pulvérisation légère d'eau tiède soit nécessaire, en particulier sur le papier absorbant du fond de bac.

L'absence de veines rougeâtres ou, plus tard, d'un point sombre, l'embryon, signifie que l'œuf est clair. Le problème vient bien évidemment du mâle. Lorsqu'il s'agit d'un très jeune couple, dont c'est la première couvée, le cas est fréquent. Si les oiseaux poursuivent la couvaison normalement, il faut les en empêcher, en ôtant les œufs, ou bien échanger quelques œufs normaux issus d'un autre nid. Le fait d'enlever une couvée inféconde peut toutefois perturber les parents et générer d'autres soucis ultérieurs. La deuxième solution est donc préférable.

Il arrive que la femelle, plus « précoce » que son compagnon, commence à pondre, sans qu'il y ait eu accouplement. Dans ce cas, le mâle n'est que rarement le premier à montrer de l'intérêt au nichoir. C'est un signe assez net. Il suffit d'ôter le nichoir durant quelques semaines, puis de le remettre dans la volière. Cela laisse le temps au couple de se préparer mieux et au propriétaire d'observer si la copulation à bien lieu.
Il peut aussi y avoir des problèmes lors de la fécondation : la femelle doit pouvoir s'accrocher fermement au perchoir. Si ce dernier est trop lisse ou mal fixé, l'opération peut rater. Le couple peut ne pas s'entendre correctement, on doit alors envisager de ré-appairer les oiseaux avec de nouveaux compagnons.

Des œufs clairs peuvent également être la conséquence d'un régime alimentaire inadapté. Des carences comme des excès, notamment de lipides, ont des conséquences importantes sur la faculté des oiseaux à se reproduire ou à mener correctement l'élevage des jeunes jusqu'à son terme.
Enfin, cela peut être un signe de stérilité du mâle. Ce n'est pas si fréquent, mais des cas isolés existent. Là, il n'existe pas d'autre moyen que de le remplacer, ce qui n'est pas simple si le couple formé est solide et s'entend bien. Il est aussi envisageable d'échanger quelques œufs avec un autre couple, notamment si leur couvée est importante, ce qui les soulagera.

Une couvaison qui se passe mal

Une femelle, surtout si elle est jeune, peut ne pas couver du tout, ou bien encore abandonner ses œufs avant terme. Il est rare, en revanche, que cela survienne lorsque les jeunes ont éclos. La solution consiste à donner les œufs à un autre couple plus expérimenté, éventuellement en échangeant avec des œufs de ce dernier, plus avancés dans le processus. Lorsque les oiseaux sont plus âgés et expérimentés, cela est plus rare.
Le mâle peut également ne montrer aucun intérêt pour l'incubation. Si la femelle parvient à mener seule cette tâche, ce qui n'est pas évident, il est peu courant qu'il se désintéresse des oisillons ; en général, il participe normalement à l'élevage. Il est toujours possible d'aider la femelle, si celle-ci s'affaire convenablement et assure seule l'incubation, en échangeant ses œufs avec d'autres plus avancés. De cette manière, on raccourcit ses efforts.
Enfin, si d'autres espèces d'oiseaux sont présentes dans la volière, il convient de s'assurer que ceux-ci ne sont pas des éléments perturbateurs

Œufs et coquille

Des oisillons qui meurent dans l'œuf

Il arrive que des œufs n'éclosent pas alors que le petit est bien développé. Les deux causes principales de cet accident sont :
– des œufs qui ont pris froid, soit en raison du temps, soit parce que les parents ont mal assuré la couvaison ;
– un manque d'humidité dans le nid, notamment lors des étés chauds. La coquille, trop dure, ne peut être brisée par le petit. Il faut penser à fournir un récipient rempli de quelques centimètres d'eau pour que les parents régulent l'hygrométrie dans le nid eux-mêmes.

Le mal de ponte

On appelle mal de ponte le fait qu'un œuf reste bloqué dans l'oviducte de la femelle et ne puisse être expulsé. Dans ce cas, l'abdomen de l'oiseau gonfle et rougit. En général, la femelle laisse le nid de côté et se retrouve prostrée dans un coin. Il faut agir vite car les conséquences sont dramatiques. De nombreux éleveurs conseillent de prendre délicatement l'oiseau et de le maintenir au-dessus d'un récipient d'eau bouillante pour dilater les muscles, tout en massant doucement l'abdomen. Cependant, J. et M. Viguié considèrent cette méthode comme peu valable. Ils préconisent le dépôt sur le cloaque de deux gouttes d'extrait de post-hypophyse dilué à 10 %. Malheureusement, ce produit n'est délivré que sur ordonnance et il est préférable de recourir aux services d'un vétérinaire.
Le mal de ponte peut avoir diverses origines, mais les causes principales sont : un temps trop froid, une femelle trop jeune ou épuisée par des pontes répétées, ou bien encore un œuf trop gros.
Il arrive que l'œuf coincé ne possède pas de coquille ou que celle-ci soit très fragile. Dans une telle situation, seule l'opération peut sauver l'oiseau.

Le picage des jeunes

On appelle picage la détestable habitude qu'ont certains parents d'arracher les plumes des petits dans le nid. La femelle est souvent la première en cause. Les plumes concernées sont principalement celles du dos et du cou et le phénomène se produit dès l'apparition de ces dernières. Cela survient aussi parfois juste avant l'envol, mais les dégâts sont souvent bénins, quoique pas toujours. Les parents incitent de cette façon les jeunes à partir pour libérer la place, afin de commencer une autre nichée. Lorsque le picage est léger, les plumes repoussent rapidement après l'envol et ce n'est pas très grave. En revanche, il arrive que le problème soit sévère, avec apparitions de petites plaies. Dans ce cas, il est nettement préférable d'ôter les oisillons pour les nourrir à la main. Le plus gênant dans l'affaire est qu'un couple qui commence à se comporter de cette manière répètera certainement l'opération avec la prochaine nichée. Pire encore, des jeunes qui auront été victimes de picage seront bien plus enclins à faire subir la même chose à leur progéniture. L'éleveur considère donc généralement un oiseau ou un couple possédant cette sale manie comme impropre à l'élevage.

Les causes de ce comportement sont mal élucidées. Certains invoquent le stress, d'autres des carences alimentaires, mais personne ne détient actuellement d'explication valable. Lorsque, en revanche, il s'agit d'un picage juste avant envol, il est clair que c'est alors dans le but de faire sortir les petits. Dans un tel cas, il est toujours possible de transférer ceux-ci dans un autre nichoir. Le père continuera à les alimenter, tandis que la mère récupèrera le nichoir pour la couvée suivante, sachant qu'un nid est généralement retenu pour toute la saison par la femelle.

Oisillon d'environ 15 jours

La santé des oiseaux

Un œil vif et brillant reflète une bonne santé

L'objectif n'est pas ici de proposer un manuel vétérinaire. Des ouvrages sont entièrement dédiés aux maladies des oiseaux et le lecteur voudra bien s'y référer en cas de problèmes. Nous limiterons ce chapitre aux soucis les plus fréquents rencontrés avec la Calopsitte.

Rappelons que c'est un oiseau robuste, peu sensible à de nombreuses pathologies, à condition de lui procurer une hygiène stricte.

Surcroissance du bec et des ongles

Lorsque l'animal n'a pas de possibilité d'user son bec ou ses griffes, ceux-ci se développent de manière démesurée. Un bec trop long empêche la prise correcte des aliments. Des ongles surdéveloppés gênent l'oiseau pour se percher convenablement, ce qui peut poser des problèmes lors de l'accouplement. L'ongle va parfois s'enrouler sur lui-même jusqu'à éventuellement blesser les chairs. Il est donc important de réduire bec et ongles quand le besoin s'en fait sentir. Pour cela, on utilise une petite paire de pinces coupantes (coupe-ongles ou pinces d'électricien). Il faut naturellement prendre garde à ne pas causer de blessures lors de l'intervention. Le plus simple est de se faire aider par une personne qui tient l'oiseau pendant l'opération. Les griffes seront coupées selon le schéma page 80.

Picage

Nous avons vu le cas du picage des jeunes plus haut, mais il arrive aussi qu'un oiseau s'arrache lui-même les plumes, notamment sur le ventre, la poitrine et le dos. Des cas avancés, lorsque la maladie devient chronique, abîment la racine des plumes et finissent pas empêcher toute repousse. Outre l'aspect esthétique, un oiseau déplumé perd une partie de ses défenses. Cela peut être lié à la présence de parasites externes (poux en particulier), d'une infection de la peau ou d'un déséquilibre alimentaire. Mais, en général, il s'agit

Méthode de coupe des ongles

Bec et ongles corrects

Spécimen avec les plumes de la queue coupées accidentellement

d'un problème « psychologique ». L'oiseau est stressé, nerveux ou bien il s'ennuie. Corriger cette mauvaise habitude n'est pas simple. Il existe des substances relaxantes, des solutions vitaminées pour aider à la repousse, mais ce ne sont pas des produits miracles et il faut surtout trouver l'origine du déséquilibre psychologique. Pour cela, il ne faut pas hésiter à fournir des jouets, des branchages à mordiller, voire un compagnon, si l'oiseau est seul. Un changement de place de la cage ou d'environnement peut s'avérer salutaire. Rappelons qu'asperger régulièrement l'oiseau aide à la remise en état du plumage.

Blessures

Il arrive qu'un oiseau se blesse, en heurtant le grillage de la volière par exemple. Cela survient surtout s'il est effrayé ou logé avec des espèces agressives inadéquates. Les plaies doivent être convenablement lavées et désinfectées avec un produit aseptisant.

Gales

Une gale se manifeste par l'apparition de croûtes blanchâtres sur les pattes, le bec et la cire. Lorsque le parasite n'est pas traité, des zones déplumées apparaissent autour du bec ou des yeux. C'est un problème fortement contagieux : en s'essuyant le bec sur les perchoirs, l'animal malade contamine rapidement ses voisins. Mais la solution est très simple : il suffit de badigeonner les parties atteintes avec un produit adapté, généralement soufré, obtenu chez le vétérinaire. L'opération est répétée en moyenne tous les deux jours pendant environ deux semaines. Les gales ont pour origine de minuscules acariens.

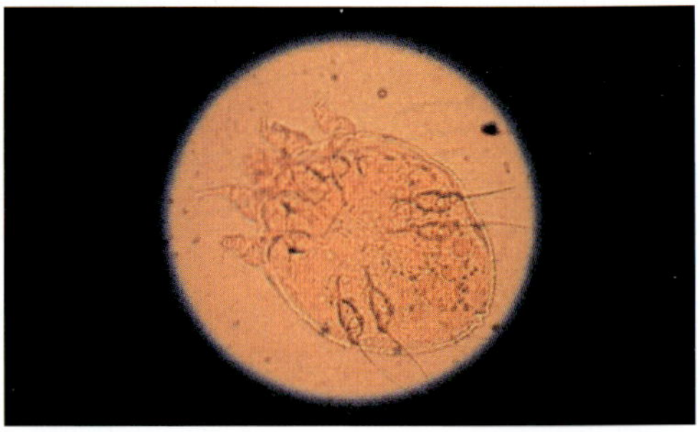

Parasite de la gale sarcoptique © DR

Poux

Les poux, et plus particulièrement celui qui est appelé « pou rouge », sont la hantise des éleveurs. Ces acariens sont en effet difficiles à

Pou sous microscope © DR

déceler, se réfugiant dans les interstices de la cage ou de la volière durant la journée. La nuit, ils grimpent sur l'oiseau en grand nombre et se nourrissent de son sang. Affaibli progressivement et souvent contaminé par une autre maladie surajoutée, l'oiseau décline peu à peu. L'indice de la présence de ces parasites est le grattage virulent des oiseaux, surtout le matin de bonne heure. Par ailleurs, à l'aide d'un petit carton blanc, il faut examiner régulièrement les interstices des cages (tiroirs, fixations des perchoirs, nids...). Si le morceau de carton ressort avec des marques rouges, il y a de fortes chances que le logement soit infesté. La seule solution est alors de vider complètement la cage ou la volière, de mettre au feu : perchoirs, mangeoires en bois et nichoirs. Le reste sera désinfecté minutieusement avec un produit acaricide. Il est conseillé également de poursuivre le traitement par des mesures préventives : mélange de poudre au Carbaryl® avec le fond de cage, pulvérisation régulière des endroits sensibles avec un aérosol acaricide. Bien évidemment, l'oiseau contaminé et tous ses colocataires seront traités. En général, ils sont placés dans une cage recouverte d'un tissu. Ensuite, le produit est pulvérisé et on le laisse agir quelques minutes, avant de découvrir.

Le pou noir, moins gênant, car il ne se nourrit pas de sang, reste en permanence sur l'oiseau. Il est donc plus facile à déceler et à éradiquer, selon une méthode sensiblement identique.
Parmi les acariens, signalons aussi la présence potentielle de minuscules parasites qui s'insinuent dans la trachée. Ce ne sont pas des poux, mais ils sont traités de la même manière, par aérosol sur l'animal et poudre diffusée dans l'environnement. L'acariase respiratoire se remarque par les symptômes suivants : respiration haletante et bruyante, présence de minuscules points foncés dans la gorge.

Vers intestinaux

Les grandes perruches sont sensibles aux vers intestinaux (ascaris, nématodes, cestodes...). La Calopsitte n'est certainement pas l'espèce la plus réceptive. En cage, avec une bonne hygiène, il y a peu de chances qu'elle soit parasitée. Néanmoins, en volière, avec un sol naturel, le risque existe réellement. Un traitement préventif évite tout ennui de ce genre. Il existe différents vermifuges disponibles dans les cabinets vétérinaires. Ceux-ci sont injectés directement dans le jabot de l'oiseau avec une seringue munie d'un embout du même genre que celui servant au gavage des oisillons. C'est la méthode la plus efficace pour éliminer les vers, mais elle demande une certaine pratique et un dosage rigoureux. L'idéal en la matière est de se faire aider par un éleveur expérimenté ou un vétérinaire. D'autres produits peuvent être mélangés à l'eau de boisson. La dose absorbée, surtout avec un animal qui boit peu, est difficile à apprécier. Le traitement, pour être efficace, devra donc être effectué sur au moins cinq jours de suite.

Beaucoup d'animaux sont porteurs de vers naturellement, sans en éprouver de gêne : l'organisme se défend tout seul et les effets

PRÉVENTION
À titre préventif, il est bon de vermifuger les Calopsittes deux fois par an. La période sera choisie avec soin, pour ne pas les affaiblir. Les périodes de reproduction et de mue sont à éviter. Il est préférable d'effectuer le traitement en tout début de printemps et après la mue d'automne. Évidemment, en cas de soucis particuliers, le traitement peut être déclenché à tout moment.

sont très limités. En revanche, si la santé du sujet est amoindrie par un élément extérieur (stress, refroidissement, maladie...), le parasite en profite pour se développer et devenir dangereux. Outre des lésions intestinales invisibles, il cause un affaiblissement pouvant entraîner le décès. Il n'est pas simple de déceler sa présence, sauf si un examen microscopique des fientes se révèle positif. Cet examen n'est pas forcément à la portée de tout le monde. On ne possède pas toujours un microscope à la maison et il faut savoir préparer la lame d'examen, puis interpréter les résultats ! Parmi les constatations plus faciles, on note en général que l'oiseau maigrit, en palpant le bréchet. Un autre signe plus évident est un ébouriffement du plumage et une présence très assidue à la mangeoire, donnant l'impression que l'animal mange beaucoup.

Maladies infectieuses

Ces maladies sont transmises par un agent infectieux, microbe ou champignon, et sont donc contagieuses. Il en existe bien évidemment de très nombreuses souches. Ces maladies sont souvent délicates à diagnostiquer. Un prélèvement suivi d'une analyse bactériologique est nécessaire pour identifier avec certitude l'organisme pathogène. Un antibiogramme permet enfin de déterminer le traitement, la plupart du temps à base d'antibiotiques. Ces techniques ne sont pas à la portée de l'amateur et nécessitent l'intervention d'un laboratoire vétérinaire. De plus, le développement de la maladie est souvent rapide. Compte tenu du temps nécessaire aux examens, lequel se rajoute au délai entre l'infection proprement dite et sa découverte par le propriétaire des oiseaux, il est malheureusement souvent trop tard. La prévention, qui passe par une bonne hygiène, et la mise en quarantaine des nouveaux sujets, reste donc le meilleur moyen de lutte. Lorsqu'un animal est suspecté de présenter une infection, il est tout aussi important de l'isoler et de désinfecter l'ensemble de la cage. Les autres animaux locataires de la volière où se situe le problème peuvent aussi être placés en quarantaine et au moins sous haute surveillance. Un oiseau malade est donc isolé dans un endroit chaud. Ceci est essentiel, car le fait d'être dans un lieu bien tempéré lui évite d'avoir à consommer ses réserves pour maintenir la température du corps ; on aide ainsi son organisme à se défendre.

Fort heureusement, les maladies infectieuses sont rarement rencontrées chez la Calopsitte. Ne sont répertoriées ici que les moins exceptionnelles :
– la coccidiose, due à un protozoaire, en général du genre *Isospora,* touche les intestins. Elle est très rare chez la Calopsitte, au moins de façon importante. En effet, les oiseaux sont souvent porteurs de coccidies en nombre limité. Lorsqu'un oiseau est vraiment atteint, le parasite lui a été généralement transmis par une autre espèce. Les symptômes sont peu visibles et tardifs. Une diarrhée peut être notée, mais il est alors souvent trop tard pour le traitement anticoccidien ;
– la candidose est due à un champignon du genre *Candida* et affecte surtout le système digestif. Les symptômes peuvent être très variés : marques blanches dans la bouche, diarrhée, perte de poids, vomissements, perte d'appétit... L'état général s'en ressent naturellement et l'animal devient apathique. Il garde souvent le bec ouvert. Le traitement appelle des antibiotiques et donc un antibiogramme réalisé par un laboratoire vétérinaire ;
– l'aspergillose est également une maladie mortelle dont le vecteur est un champignon, cette fois du genre *Aspergillus.* Elle affecte le système respiratoire. Le symptôme le plus net est une respiration accélérée et difficile, avec le bec ouvert, mais non bruyante. Elle s'accompagne souvent d'une perte de poids. Les décès sont brusques. L'autopsie est souvent nécessaire pour confirmer la maladie. Le temps de développement étant très court, le traitement, pour peu qu'il en existe un d'efficace, arrive trop tard. Une désinfection totale et une mise en quarantaine des autres oiseaux restent les solutions les plus adaptées ;
– la tuberculose est due à des *Myobacteriums.* Lorsqu'elle touche la Calopsitte, ce qui est très rare, c'est une affection du système digestif qui se caractérise par des lésions intestinales en forme de tubercules. Les symptômes sont très variés : perte de poids, gonflement de l'abdomen, diarrhées parfois

sanguinolentes, respiration difficile. Des mesures de quarantaine sont essentielles, d'autant que le parasite peut être transmis à l'homme. Le traitement n'est pas aisé ;
– la chlamydiose, due à un microbe, le *Chlamydia psittaci,* a fait couler beaucoup d'encre, sous ses autres dénominations : psittacose ou ornithose. Peut-être devrait-on y rajouter le mot psychose ! En effet, la potentialité d'une transmission à l'homme existe et quelques cas isolés de contamination ont failli coûter très cher à nos Psittaciformes favoris : des fanatiques proposaient d'éliminer tous les oiseaux en captivité ! En fait, beaucoup d'autres espèces peuvent être porteuses, aussi bien parmi les oiseaux que parmi les mammifères. Un texte de 1995 a heureusement calmé la fronde et la maladie n'est plus réputée contagieuse à l'homme, légalement. La chlamydiose ne peut être détectée de manière certaine que par analyse bactérienne. Les symptômes peuvent être très variés et nombreux : troubles respiratoires, écoulement nasal et oculaire, forte diarrhée… Un traitement antibiotique ciblé est efficace. La Calopsitte est très résistante à cette maladie et ne la développe qu'exceptionnellement. En revanche, elle a la réputation d'être potentiellement porteuse du germe et donc de le transmettre à d'autres becs crochus.

Mutation fallow aux yeux rouges

La Calopsitte est un oiseau résistant

Maladies virales

Là encore, ce sont des maladies assez rares chez les Calopsittes et surtout très délicates à diagnostiquer. Étant donné l'origine virale, il n'existe en général pas de traitement. Des vaccins commencent à être mis au point pour certaines pathologies (PBFD), mais, à notre connaissance, ils ne sont pas encore disponibles en France. En d'autres termes, c'est un domaine où nos connaissances sont encore fortement limitées.

La mue française est certainement celle qui est identifiée depuis le plus longtemps chez les éleveurs, mais le *Papovavirus* qui en est à l'origine n'a été isolé qu'au début des années 1980. Elle se traduit d'abord par un plumage anormal, à l'aspect sale. Les plumes poussent ensuite de façon atrophiée, s'enroulent sur elles-mêmes, comme si elles avaient été exposées au feu. L'oiseau peut devenir presque nu. Son comportement n'est pas vif et il finit en général par décéder, parfois avec une infection surajoutée. Heureusement peu contagieuse, cette affection touche essentiellement de jeunes oiseaux qu'il est préférable d'éliminer. Elle est aussi connue sous le nom de maladie du bec et des plumes (PBFD en anglais), car le bec peut montrer également des déformations, même si cela est rare dans le cas de la Calopsitte.

Les mutations

Définition

Commençons par mettre les choses au point : lorsqu'un aviculteur parle de mutations, il ne s'agit pas de traficotage génétique ou d'oiseaux OGM ! Une mutation est un processus naturel, sauf dans quelques cas malheureux où, pour obtenir certaines couleurs, des croisements ont été effectués. C'est par exemple le cas de la perruche Alexandre (*Psittacula eupatria*) qui a été croisée avec la perruche à Collier (*Psittacula krameri*), pour fixer certaines couleurs (jaune notamment), inexistantes sur la première. Ces procédés sont hautement en désaccord avec la maintenance de souches pures.

Hormis ces cas douteux, une mutation est un phénomène naturel. Dans une population importante d'oiseaux, il apparaît, de manière plus ou moins fréquente, un sujet différent. Il existe, à titre d'exemples, des corbeaux ou des merles blancs dans la nature. L'immense majorité de ces animaux « anormaux » ne sont que des exceptions rarissimes, à raison d'un individu parmi des milliers d'autres. Néanmoins, il existe aussi quelques mutations plutôt abondantes, qui représentent un pourcentage non négligeable d'une population. C'est le cas de l'Inséparable masqué (*Agapornis personata*), dont la mutation bleue est relativement présente en milieu naturel.

Mais revenons aux exemples courants, à savoir des mutations rares à l'état sauvage. Notre merle ou notre corbeau blancs ont bien peu de chances de donner une descendance à leur image. En effet, leur couleur les rend plus visibles aux prédateurs, compte tenu des habitudes de camouflage propres à l'espèce, et leur durée de vie est moindre. Par ailleurs, ils ont du mal à s'accoupler, les oiseaux « normaux » ayant tendance à les garder à distance : le racisme n'est donc pas uniquement l'apanage de l'homme... Il arrive même que des parents refusent d'élever des jeunes au plumage différent. Enfin, si notre pauvre mutant parvient à trouver un ou une compagne et à nicher, il faut encore compter avec la génétique. La plupart de ces couleurs sont issues de gènes récessifs qui n'apparaîtront pas à la génération suivante. Nous verrons cela plus loin.

Il s'ensuit donc que, sans l'intervention humaine, ces caractéristiques aberrantes ont peu de chances de se propager. L'éleveur, au contraire, recherche de tels sujets, qu'il va croiser entre eux pour maintenir le gène. Il s'agit donc d'une sélection génétique, comme elle existe par ailleurs pour les chiens ou les chevaux. À partir de ces souches rares, stabilisées par l'élevage, l'aviculteur va, bien entendu, chercher à les croiser entre elles, ce qui permet parfois d'obtenir de nouveaux coloris ou de nouvelles formes, qui n'auraient quasiment eu aucune probabilité d'apparaître en milieu sauvage. C'est la science de l'éleveur qui intervient alors. Mais on comprend aussi très bien l'importance de connaître le patrimoine génétique de chaque animal, avant de l'accoupler.

Quel est l'intérêt d'obtenir des mutations ? Cela permet, sur une souche captive, de mettre en évidence de nouvelles couleurs, parfois de nouvelles formes, sans dénaturer l'animal. En effet, celui-ci reste un membre à part entière de son espèce. La seule chose

LES MUTATIONS ET LA LÉGISLATION
Remarquons que la législation considère que ces mutations sont des « produits » fabriqués par l'homme. Les animaux créés de cette façon sont appelés races ou variétés et sont rangés parmi les espèces domestiques. Ainsi, une Calopsitte jaune à yeux rouges (variété d'élevage « lutinos ») est un animal domestique, au regard de la loi. Cela signifie que son élevage et sa commercialisation ne font l'objet d'aucune restriction particulière, hormis le respect des textes généraux régissant ces activités (respect des animaux, registre du commerce...).

Femelle sauvage

Mâle sauvage

à laquelle il convient de prêter attention, c'est le taux de consanguinité. En effet, pour établir certaines mutations, les éleveurs ont parfois recours à des accouplements sur une même famille d'animaux. Cela n'est généralement pas grave sur une génération, mais conduit nécessairement à des dégénérescences au-delà. On observe alors des cas de nanisme ou de tares diverses. Pour cette raison, il est souhaitable de croiser des oiseaux mutants avec des sujets normaux ou porteurs des gènes souhaités car, comme nous le verrons plus loin, il n'est pas toujours nécessaire de partir de deux parents mutants pour avoir des jeunes mutants. Là encore, on comprend facilement l'intérêt de bien connaître à la fois les lois simples de la génétique et le patrimoine de chaque sujet.

Quelques notions de génétique

Tout d'abord, proposons une définition simple de la génétique, appliquée à l'aviculture : la génétique c'est parvenir à comprendre et à prévoir quel sera l'aspect des oiseaux de la génération suivante. Pour cela, la science de la génétique s'appuie sur les lois de Mendel. Ce sont ces lois que nous allons tenter d'expliquer ici, de manière extrêmement simplifiée : que les puristes nous pardonnent !
Toutes les caractéristiques d'un être vivant sont déterminées par ses gènes. Un gène est une sorte de code caché, composé d'une suite complexe d'acides aminés qui va déterminer la couleur des yeux, la couleur de peau ou des plumes, la forme du nez, etc. Ces gènes sont réunis dans des chromosomes. Ceux-ci sont en quelque sorte le dictionnaire de chaque être vivant. Ils marchent par deux : on parle de paires. Chaque espèce possède un nombre bien particulier de paires de chromosomes (pour l'homme, c'est 23).

Un organisme mâle ou femelle possède généralement les mêmes chromosomes, sauf une paire, appelée chromosomes sexuels. Chez le mâle, cette paire est notée XX et chez une femelle XY, **ceci dans le cas d'un oiseau** : attention, c'est le contraire chez l'humain ! L'homme possède deux chromosomes différents et la femme, deux identiques.

Lors d'un accouplement, il y a fusion entre un ovule et un spermatozoïde, chacun porteur de ses paires de chromosomes. Chaque paire se dédouble lors d'une étape de la formation de l'œuf, la méïose, pour s'appairer avec une paire de l'autre sexe, de manière à conserver le même nombre global de paires. Le descendant obtenu aura donc des caractéristiques des deux parents. Prenons un exemple facile, avec les chromosomes sexuels : la mère apporte les chromosomes X et Y et le père X et X, que nous appellerons X_1 et X_2. L'association donnera donc quatre possibilités :

$X + X_1$ XX_1, félicitations, c'est un garçon !

$X + X_2$ XX_2, ah, c'est encore un garçon !

$Y + X_1$ X_1Y, bravo, une fille !

$Y + X_2$ X_2Y, là aussi, c'est une fille.

Il y a donc 50 % de chances d'avoir une fille et autant d'avoir un garçon.

Tous les caractères seront donc transmis de la même manière. Mais que ce passe-t-il lorsque l'un des parents a les yeux bruns et l'autre, les yeux bleus ? Cela se complique un peu. Il faut d'abord admettre que chacun est un sujet homozygote, c'est-à-dire de lignée pure « yeux bleus » et « yeux marron ». Supposons que le chromosome porteur du caractère « yeux marron » est M et celui des yeux bleus est B. Les parents sont donc notés MM et BB et les enfants auront donc tous une paire de chromosomes MB. Quelle sera la couleur de leurs yeux ? La réponse est « bleus » ou « marron », mais pas le mélange des deux, *a priori* (pour un caractère simple, régi par un seul gène au moins). L'un des caractères l'emporte : il est dit dominant, noté en majuscules, alors que l'autre est dit récessif et écrit en minuscules. Dans notre exemple, supposons que le bleu soit récessif : les enfants auront donc tous les yeux marron, mais seront porteurs d'un gène « yeux bleus » ; on dit qu'ils sont hétérozygotes, ce qui est important pour la génération suivante.

Schématisons tout cela, pour clarifier les choses.

Parents MM bb

Enfants (yeux marron) Mb

Imaginons que l'un des enfants se marie avec une autre personne, avec un patrimoine génétique identique, c'est-à-dire des yeux marron, mais porteur des mêmes gênes. Là aussi, le mélange des gènes fait que nous avons quatre solutions :

Enfants (yeux marron) Mb Mb

Petits-enfants

MM Mb bM bb

Nous aurons donc, statistiquement, trois petits-enfants avec les yeux marron et un avec les yeux bleus. Des parents qui sont hétérozygotes peuvent donner des descendants qui n'ont pas leurs caractéristiques extérieures : ici, un avec les yeux bleus. Remarquons aussi que deux des petits-enfants seront homozygotes et deux seront hétérozygotes, porteurs du gène « yeux bleus ».

Imaginons maintenant que l'un de nos enfants Mb se marie avec un sujet homozygote. Premier cas, ce dernier possède des yeux marron, il est donc noté MM :

Enfants (yeux marron) Mb MM

Petits-enfants

MM MM bM bM

Tous les petits-enfants ont des yeux marron ; cependant, la moitié d'entre eux porte le gène yeux bleus. Le gène dominant ressort complètement.

Dernier cas, notre descendant Mb est marié avec un sujet aux yeux bleus, homozygote bb :

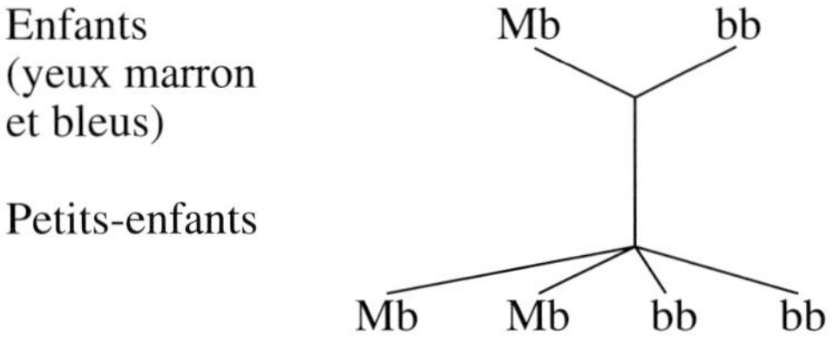

Ici, 50 % des descendants ont les yeux bleus et 50 % ont les yeux marron, ceux-ci étant tous porteurs du gène « yeux bleus ».

Pour en revenir à nos oiseaux, il est rare de trouver une mutation qui soit dominante. En général, la forme naturelle est génétiquement dominante, mais il y a quelques exceptions, notamment la mutation argentée chez les Calopsittes. Dans un tel cas, la mutation peut être simple ; pour cela, il suffit d'un seul facteur Z, l'autre pouvant être le facteur sauvage S, lui-même dominant, mais éclipsé par le facteur Z, noté alors Z^+. Tous les sujets au patrimoine génétique Z^+S seront donc argentés. Mais la mutation peut aussi être issue d'un facteur double Z^+Z^+ : ils seront argentés aussi, mais davantage en quelque sorte ! On parle alors de facteur double, par opposition au facteur simple.

Cela paraît donc simple, trop simple même, car il existe bien évidemment des cas plus complexes. Le premier d'entre eux se trouve lorsque nous sommes en face de deux gènes équivalents, généralement récessifs. Dans une telle situation, les enfants n'ont pas les caractères stricts des parents, mais un mélange des deux. Dans notre exemple sur les yeux, les parents deviendraient mm et bb et, pour les enfants cela pourrait donner, par exemple, des yeux gris mb (c'est une vue de l'esprit, pour illustrer le propos et non une réalité scientifique !) et nous aurions le schéma suivant :

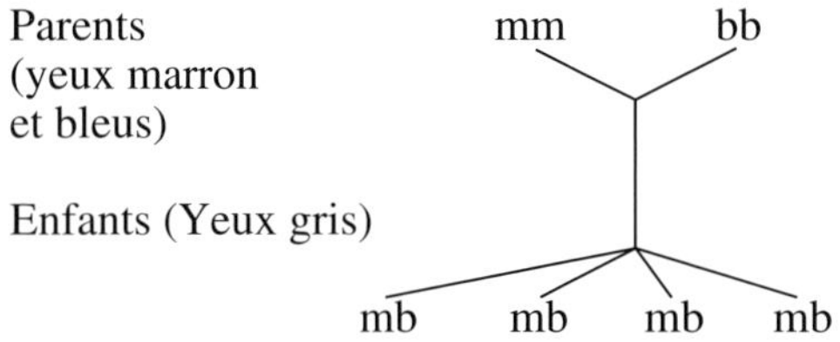

Tous les enfants ont les yeux gris, mais sont porteurs des deux gènes récessifs. Si nous croisons l'un des enfants avec un autre enfant ayant les mêmes caractéristiques génétiques, nous obtenons :

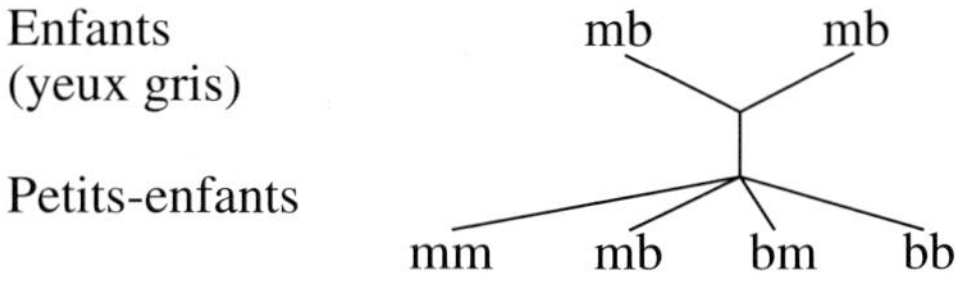

Dans une telle situation, 25 % des petits-enfants ont les yeux bleus, 25 % les ont marron, tandis que 50 % les ont gris.

Parmi les autres complications possibles, il existe des facteurs que l'on dit liés au sexe. De quoi s'agit-il ? Compte tenu de la dénomination, on se doute sans mal que le sexe de l'oiseau est important dans l'affaire. Pour comprendre les choses, imaginons que le chromosome sexuel X soit porteur de notre gène « couleur des yeux », que le marron soit toujours dominant et le facteur naturel. Le bleu est un facteur mutant récessif. Nous aurons donc un oiseau mâle aux yeux marron (caractère dominant) noté X^MX^M ou X^MX^b et une femelle aux yeux marron X^MY.

Croisons ces deux oiseaux, dans les deux cas, et tout d'abord avec le mâle homozygote :

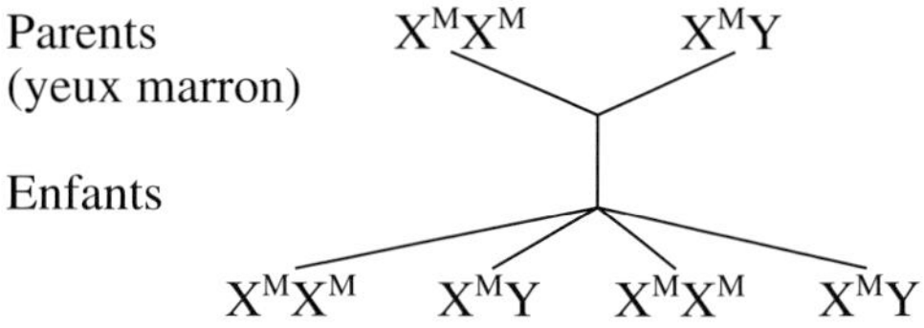

Nous obtenons moitié de garçons et moitié de filles, tous avec les yeux marron.

Poursuivons avec la seconde possibilité et le mâle hétérozygote :

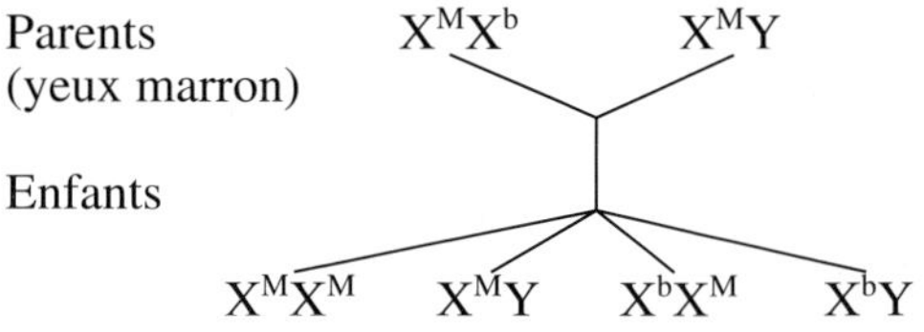

Nous avons toujours autant de mâles que de femelles mais, ici, 50 % des filles ont des yeux bleus.

De ce qui précède, nous pouvons conclure qu'une mutation liée au sexe chez un oiseau n'apparaît que chez les femelles, en provenance du père ! Pour mémoire, il se passe l'inverse chez l'homme, puisque, dans le cas des humains, c'est monsieur qui possède les deux chromosomes différents XY. Bien sûr, la femelle peut à son tour transmettre le gène. Voyons l'exemple suivant :

Parents (yeux marron et bleus) X^MX^b X^bY

Enfants X^MX^b X^MY X^bX^b X^bY

Si l'on croise une femelle ayant développé le caractère mutant à un mâle porteur, le résultat est donc de 50 % des jeunes avec le caractère mutant, autant de chaque sexe. Notons au passage que les enfants mâles deviennent, pour moitié, homozygotes mutants et que, lors d'un prochain accouplement avec une femelle « normale », 100 % des femelles présenteront le caractère mutant.

Mutation perlée

Quelques mutations chez la Calopsitte

Notre objectif n'est pas d'en dresser le catalogue, car le nombre de mutations chez les Calopsittes est très important, sans compter les croisements qui s'en suivent : il nous faudrait un livre entier pour traiter le sujet. Nous nous contentons de mentionner les plus communes d'entre elles et les plus significatives. Nous prions le lecteur de se reporter à des ouvrages spécialisés si le domaine l'intéresse, en particulier l'excellent et très récent livre de Jacqueline et Gabriel Prin.

La mutation panachée

Historiquement, c'est la plus ancienne, mais aussi la plus difficile à décrire. En effet, elle se présente sous des formes très variables. Dans cette mutation, il y a disparition de la couleur grise sur des zones plus ou moins étendues, laquelle est remplacée par du jaune, du blanc-jaune ou du blanc. Les parties les plus affectées sont les ailes et le corps, mais la tête peut aussi être concernée. Il existe donc de multiples types de panachées, certaines se voyant attribuées des qualificatifs tels que « light pied » ou « heavy pied », suivant la proportion et la disposition du jaune dans le plumage. Certains sujets sont complètement dépigmentés et donc quasiment blancs, proches d'une mutation lutinos – mais ils conservent des yeux noirs, contrairement à ces derniers. Il semble, d'après les éleveurs, que le facteur génétique panaché tend à renforcer le jaune naturellement présent dans la forme sauvage, qui devient plus brillant. Les

Calopsitte panachée

marques et les stries présentes sur la queue, notamment des femelles, disparaissent totalement. Les ongles peuvent être partiellement ou totalement clairs. Il s'agit d'une mutation difficile à contrôler, quant au résultat souhaité sur la génération suivante. Néanmoins, un choix exigeant des reproducteurs et de leur aspect permet d'espérer des jeunes d'aspect similaire. Le plus grand problème avec cette mutation est l'absence totale de dimorphisme sexuel. Ni la profondeur de la tache sur les joues, ni l'intensité de la couleur, ni les marques sous-alaires, ni les stries de la queue ne sont utilisables ! Il ne reste que l'observation du comportement et, accessoirement, la méthode des os pelviens sur des sujets adultes, pour différencier mâles et femelles.

C'est une mutation récessive, mais qui ne l'est pas totalement, dans le sens où elle peut apparaître chez un sujet hétérozygote, donc porteur, sous forme discrète de marques blanches sur la tête ou de taches disséminées. Selon plusieurs auteurs, la meilleure association consiste à accoupler un oiseau panaché avec un sujet porteur.

La mutation lutinos

Sans doute l'une des plus appréciées, même si elle existe maintenant depuis près d'un demi-siècle. Elle se caractérise par une mutation du chromosome sexuel X qui bloque totalement la production de mélanine pour les plumes. Le sujet mutant est donc entièrement blanc, là où il était sombre dans sa forme originale. Seules la tête et la huppe jaunes, ainsi que les joues orangées demeurent inchangées. Le corps varie d'un blanc de neige au jaune. Les yeux sont rouges, eux aussi dépourvus de mélanine. Bec, cire et pattes sont blancs ou rosâtres. Très souvent, on remarque un manque de plumes sur l'occiput, ce qui est considéré comme un défaut par beaucoup d'éleveurs. Autrefois, elle était fréquemment nommée mutation blanche.
C'est, bien évidemment, une mutation liée au sexe. Pour obtenir des femelles lutinos, il suffit donc d'accoupler un mâle lutinos avec une femelle de forme sauvage. En revanche, pour avoir un mâle mutant, il faut croiser soit deux sujets lutinos, soit une femelle qui le soit, avec un mâle porteur. Il est en général conseillé d'éviter le croisement entre deux mutants, les descendants étant souvent moins beaux.
Les deux sexes sont ici encore presque identiques. L'orangé des joues n'est guère un facteur utile, car certaines femelles sont plus brillamment colorées que les mâles. Il arrive que ces derniers présentent un léger lavis gris violacé sur les épaules, le dos et les ailes. La bande sous-alaire, complète ou sous forme de pointillés, demeure présente chez la femelle adulte, alors qu'elle disparaît chez le mâle. Cependant, il faut être certain que les oiseaux aient effectué leur mue adulte pour tirer des conclusions.

La mutation cinnamon

Le terme *cinnamon* (cannelle) est un mot d'origine anglo-saxonne. Si l'on désirait respecter la langue de Voltaire, il faudrait parler de beige ou d'isabelle ; mais la dénomination

Mâles lutinos

Femelle cinnamon

est maintenant passée dans le langage des aviculteurs. Il s'agit d'une mutation connue à l'état naturel. Les Australiens l'ont établi en captivité à partir de sujets sauvages. Là encore, il s'agit d'une altération de la mélanine. Les pigments noirs ou gris foncés n'arrivent pas à se former et restent au stade marron clair. On obtient donc des oiseaux oscillant entre le beige et le fauve, là où, normalement, ils sont d'un gris sombre. Les parties usuellement d'un jaune pâle sont plus intenses, ce qui donne un superbe contraste. Il est intéressant de remarquer que l'intensité et l'homogénéité de la couleur est nettement fonction de l'âge de l'oiseau, de son sexe et de son état général. Le meilleur plumage apparaît lors de la troisième année, selon Mmes Cross et Andersen. Ces auteurs précisent aussi que le soleil intense blanchit la coloration de ces mutants.
Comme dans le cas du lutinos, c'est une mutation liée au sexe, donc transmise par le père. Les deux sexes sont presque identiques lorsqu'ils sont jeunes, car la femelle porte davantage de jaune sur la tête qu'une forme naturelle. Cependant, toujours selon les mêmes auteurs, les jeunes mâles montrent des stries jaunes sur la face, vers l'âge de quatre mois. À l'âge adulte, il est plus facile de faire la distinction : le mâle est bien jaune au niveau de la tête et il développe une teinte grisée qui vient concurrencer les parties marron.

La mutation perlée

Les éleveurs parlent également de mutation opaline. Encore une fois, il s'agit d'une mutation liée au sexe, due à un facteur récessif. Dans cette forme, chaque plume de l'oiseau n'est plus uniforme, elle est en général claire avec une bordure sombre, donnant au plumage un aspect écaillé. Il existe d'autres dessins différents : des plumes arborent un centre foncé, sur fond clair ou bien sont liserées de jaune ou de blanc. Les zones les plus marquées sont souvent situées sur le cou, le dos et les épaules. Le dimorphisme sexuel est assez net : la femelle n'est pas aussi jaune sur la tête et garde ses stries sur la queue. Les taches blanches sous l'aile demeurent à l'état adulte. Il faut remarquer que les mâles, lorsqu'ils atteignent l'âge adulte, perdent une partie des zones écaillées, au profit de la couleur grise. Cela est dû à une augmentation du taux de mélanine qui recouvre les effets de la mutation. En principe, ils conservent néanmoins quelques parties perlées, sur les épaules et la poitrine mais, parfois, ils ressemblent vraiment à des oiseaux « naturels ». Lorsqu'ils vieillissent, selon Mmes Cross et Andersen, la production d'hormones diminue et l'aspect écaillé reprend le dessus. Ces auteurs notent aussi qu'un mâle qui ne perd pas ses marques à l'état adulte est en général un mauvais reproducteur.

La mutation argentée

On devrait plutôt parler de mutations argentées au pluriel, car il en existe plusieurs, finalement assez différentes. Toutefois, toutes mettent en évidence des plumes éclaircies, à reflets argentés. La première d'entre elles est récessive et voisine d'une autre mutation, surtout répandue en Australie, qui se nomme « fallow ». Elle se

Femelle cinammon perlée

Mâle argenté

Femelle argentée

caractérise par un plumage gris pâle argenté et des yeux rouges. La deuxième, plus répandue, est une des rares mutations dues à un facteur dominant, même si quelques controverses existent à ce sujet. Elle est apparue en Grande-Bretagne, voici une trentaine d'années.
Lorsque le facteur est simple (présent une seule fois dans la paire de chromosomes), le mâle montre des plumes dont le centre est argenté et finement liserées de gris sombre. Ceci est visible surtout sur le dos et les ailes. Par ailleurs, sa tête apparaît plus foncée qu'avec un sujet naturel, certainement par contraste. En ce qui concerne la femelle, les effets de la mutation sont peu visibles. Si le facteur mutant est double, donc présent sur les deux chromosomes, l'effet est bien plus net, dans la mesure où les plumes affectées sont beaucoup plus pâles et s'étendent à une grande partie du corps. Les zones normalement jaunes sont également affadies. Sur certains sujets très typés, selon l'exposition à la lumière, les reflets argentés sont si peu nets que l'on pourrait penser à une autre mutation, panachée jaune clair par exemple ; mais les pattes restent grises et foncées.

La mutation face blanche

Dans cette forme, les parties jaunes ou orangées ont complètement disparu, au profit d'un blanc pur ; les parties grises demeurant intactes. On se trouve donc devant un oiseau en noir et blanc ! Il s'agit d'une mutation récessive, non liée au sexe. Elle a été répertoriée pour la première fois aux Pays-Bas, en 1969.
Le dimorphisme est net : le mâle exhibe une tête et un cou d'un blanc brillant. Le corps est gris, avec des ombres plus claires ou plus foncées. La queue est noire et la huppe est particulièrement remarquable : blanche à la base, elle fonce peu à peu pour terminer noire. Les yeux sont bruns. La femelle est entièrement grise, avec un lavis blanchâtre sur la tête, là où elle est normalement jaune dans la forme naturelle. Mais attention : les jeunes des deux sexes sont identiques jusqu'à la première mue. La barre alaire est également présente chez l'un comme chez l'autre.

Autres mutations

Il existe encore d'autres mutations chez les Calopsittes, pour la majorité moins bien représentées dans les élevages. Le but n'est pas ici d'en faire le catalogue, nous l'avons dit. Nous nous sommes contentés des plus courantes et des plus accessibles à l'amateur, ce qui laisse un choix déjà raisonnable.
Par ailleurs, il est possible de combiner les mutations entre elles, ce qui permet d'obtenir une multitude de coloris : imaginez la quantité de possibilités, d'autant que ces combinaisons peuvent mettre en jeu deux facteurs, voire trois. Essayez donc de vous représenter une Calopsitte cinnamon perlée face blanche ! Cependant, les règles de la génétique s'appliquent toujours ; il faut simplement prendre en compte différents facteurs en même temps, ce qui complique un peu les arbres généalogiques. L'étude et le développement des mutations ont certainement contribué à la popularité de la perruche Calopsitte, dans le monde entier.

Mâle face blanche

Femelle cinammon face blanche

Mâle fallow aux yeux rouges

Femelle cinammon perlée joues jaunes

Sources

ARNALL L. & KEYMER I.F., *Bird Diseases,* TFH – Neptune City, 1975.

COOKE D. & F., *Keeping and Breeding Cockatiels, A Complete Guide,* Blandford – London, 1994.

COURTET G., *L'Élevage naturel des oiseaux*, Éditions Manduriennes – 1997.

CROSS P. & ANDERSEN D., *A Guide to Cockatiels and Their Mutations,* Australian Birdkeeper – South Tweed Heads, 1994.

DEL HOYO J., ELLIOTT A. & SARGATAL J., *Handbook of the Birds of the World – Volume 4 : Sandgrouse to Cuckoos,* Lynx Editions – Barcelona, 1997.

FORSHAW J.M. & COOPER W.T., *Australian Parrots.* Merehurst Press – London, 1988.

GRINDOL G., *The Complete Book of Cockatiels*, Howell Book House – New York, 1998.

HUTCHINS B.R. & LOVELL R.H., *Australian Parrots : A Field and Aviary Study,* Avicultural Society of Australia – Melbourne, 1985.

LENDON A. H., *Australian Parrots in Field and Aviary,* Angus & Robertson – Melbourne, 1976.

PRIN J. & G., *La Calopsitte, élevage et oiseau familier,* Éditions Prin – Ingré, 2005.

PRIN J. & G., *Perruches et Perroquets d'Australie et leurs mutations,* Éditions Prin – Ingré, 1990.

SHEPARD M., *Aviculture in Australia,* Black Cockatoo Press – Prahran, 1989.

SINDEL S. & LYNN R., *Australian Cockatoos,* Singil Press Pty – Austral, 1996.

VIGUIE J. & M., *Les Maladies du Canari et des Oiseaux de Cage,* M.V. Graphic – Saint-Hilaire, 1995.

VIGUIE J. & M., *Manuel de la Santé des Oiseaux,* J. & M. Viguié Éditeurs – Verzeille, 1994.

Table des matières

Introduction .... page 7

Qu'est-ce qu'une perruche Calopsitte ? .... » 9
Histoire .... » 9
Origine géographique et milieu naturel .... » 10
Description .... » 11

Avoir une perruche Calopsitte chez soi .... » 17
Législation et origine des oiseaux .... » 17
Niveau de difficulté .... » 18
Environnement de l'oiseau .... » 25
Se préparer à l'acquisition de l'oiseau .... » 27

L'installation de votre perruche Calopsitte .... » 31
Choix de la cage ou de la volière .... » 31
Température et humidité .... » 35
Le comportement de la perruche Calopsitte .... » 36
Occuper ses oiseaux .... » 37

L'alimentation .... » 41
Généralités .... » 41
Rappels des équilibres nutritionnels .... » 42
Les différents aliments .... » 51

La reproduction des Calopsittes .... » 65
Des choix à faire .... » 65
Ponte et couvaison .... » 68
Élevage des petits .... » 69
Envol des jeunes .... » 70
Élevage à la main .... » 72
Les problèmes liés à la reproduction .... » 76

La santé des oiseaux .... » 79
Surcroissance du bec et des ongles .... » 79
Picage .... » 79
Blessures .... » 80
Gales .... » 80
Poux .... » 80
Vers intestinaux .... » 81
Maladies infectieuses .... » 82
Maladies virales .... » 83

Les mutations .... » 85
Définition .... » 85
Quelques notions de génétique .... » 86
Quelques mutations chez la Calopsitte .... » 89

Sources .... » 93

Achevé d'imprimer en juillet 2011
à Milan, Italie,
sur les presses de Grafiche Milani

Dépôt légal : juin 2008
Numéro d'éditeur : 10802